猪场生物安全体系建设与非洲猪瘟防控

何孔旺　肖　琦　陈昌海◎著

中国农业科学技术出版社

图书在版编目（CIP）数据

猪场生物安全体系建设与非洲猪瘟防控 / 何孔旺，肖琦，陈昌海著 . — 北京：中国农业科学技术出版社，2020.12
ISBN 978-7-5116-5030-6

Ⅰ．①猪… Ⅱ．①何… ②肖… ③陈… Ⅲ．①非洲猪瘟病毒—防治 Ⅳ．① S852.65

中国版本图书馆 CIP 数据核字（2020）第 177517 号

责任编辑　闫庆健
责任校对　马广洋

出 版 者　中国农业科学技术出版社
　　　　　北京市中关村南大街 12 号　邮编：100081
电　　话　（010）82106632（编辑室）（010）82109704（发行部）
　　　　　（010）82109702（读者服务部）
传　　真　（010）82106625
网　　址　http://www.castp.cn
经 销 者　各地新华书店
印 刷 者　廊坊佰利得印刷有限公司
开　　本　850 mm×1168 mm　1 /32
印　　张　6.75
字　　数　146 千字
版　　次　2020 年 12 月第 1 版　2020 年 12 月第 1 次印刷
定　　价　50.00 元

◀━━◆ 版权所有·侵权必究 ◆━━▶

《猪场生物安全体系建设与非洲猪瘟防控》著者名单

主　　著：何孔旺　　肖　琦　　陈昌海

参著人员（按姓氏笔画排序）：

于　洋	王寿禹	付言峰	包文斌
李平华	李延森	汪秀菊	张孝庆
陈海军	邵　坤	周五朵	周春宝
贺文庆	顾学珠	黄小国	黄瑞华
蒋锁俊	喻礼怀	程　明	童朝亮
薛凤娟	戴璐珺		

本书得到江苏现代农业（生猪）产业技术体系生物安全创新团队项目（JATS〔2019〕403、JATS〔2020〕382）及江苏省农业重大技术协同推广计划试点生猪产业项目"猪场生物安全体系建设示范推广"（2019-SJ-009-04-01）资助。

前　言

2018 年 8 月，我国首次报告非洲猪瘟（ASF）疫情，并在全国多点爆发流行，给生猪养殖业造成了巨大的经济损失。为抗击 ASF 疫情，保证生猪生产，我国各级政府、企业、畜牧兽医工作者与广大生猪养殖人员群策群力，在抗击 ASF 疫情过程中总结了很多防控经验。在尚无 ASF 疫苗的情况下，猪场的生物安全体系建设，在 ASF 疫情防控中发挥了至关重要的作用。ASF 疫情的压力迫使我国生猪养殖业迅速向"适度规模化、生物安全化、严格管理化"转型。

本书受江苏省农业农村厅委托，由江苏现代农业（生猪）产业技术体系牵头，体系生物安全岗位专家、江苏省农业科学院兽医研究所何孔旺研究员组织编写。本书在总结国内外猪场在 ASF 疫情防控及恢复生猪生产过程中的成功经验与失败教训的基础上，整理出一套比较完整的猪场生物安全体系建设方案，旨在指导猪场建立确实有效的生物安全体系，为防控 ASF 疫情、恢复生猪生产提供技术指导。

著　者

2020 年 7 月

目 录

第七章　猪场复养关键技术

第八章 非洲猪瘟监测排查、检测与精准清除技术

第一章

概述

一、生物安全的概念

2019 年 FAO/WHO/OIE 对生物安全的定义是：为了降低病原传入与传播的风险而采取的措施，它要求有一定的重视程度和执行力度，以降低畜禽、野生动物及其产品传播病原的风险。

上述定义表明，生物安全的目的是为了降低病原微生物传入猪群的风险和在猪群内或者猪场间传播的风险，以保障和提高猪群的健康水平。

二、非洲猪瘟

非洲猪瘟（African swine fever，ASF）是由 ASFV（African swine fever virus，ASFV）引起的家猪和野猪的传染病，ASFV 能感染所有品种和年龄的猪，产生一系列综合症状。急性型以高热、网状内皮系统出血和高致死率为特征。已证明钝缘蜱属的软蜱，尤其是 *O. moubata* 和 *O. erraticus* 是 ASFV 的贮存宿主和传播载体。ASF 被世界动物卫生组织（OIE）列为法定上报的动物疫病，也是我国重点防范的一类动物疫病。目前还没有针对 ASF 的安全有效疫苗。ASF 不是人兽共患病，不会影响到公共卫生。

（一）病原学特点

ASFV 是 ASFV 科（Asfarviridae）ASFV 属（Asfivirus）的唯一成员。ASFV 是一种复杂的大 DNA 病毒，20 面体对称，有囊膜，病毒基因组在 170 ～ 192kb；病毒粒子直径为 260 ～ 300 纳米，主要由 5 部分组成，从内到外依次是病毒基因组（Genome）、内核心壳（Core shell）、内膜（Inner envelope）、衣壳（capsid）和囊膜（External envelope）。ASFV 结构示意图及电子显微镜检测结果如图 1-1 所示。

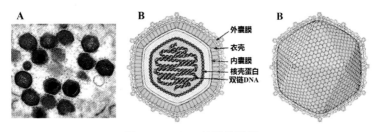

图 1-1　ASFV 的结构示意

A. 感染 ASFV 的 Vero 细胞电镜照片（资料来源：The Pirbright Institute, UK）

B.ASFV 粒子图（资料来源：Swiss Institute of Bioinformatics）

ASFV 耐低温，对高温敏感，不同温度条件下存活时间不同：25 ～ 37℃可存活数周，56℃可存活 70 分钟，60℃可存活 20 分钟，在 4℃条件下可以存活 1 年以上，在冷冻猪肉中可存活数年至数十年。70 ～ 80℃加热 20 ～ 30 分钟可有效杀死病毒。ASFV 对乙醚、氯仿等许多脂溶剂和常用消毒剂均敏感。

ASFV 在不同介质和条件下的存活时间见表 1-1。

表 1-1　ASFV 在不同条件下的存活时间

介　质	条　件	存活时间
血液	4℃	18 个月
	常温	15 周
	56℃	70 分钟
	60℃	20 分钟
腐烂的血液中		15 周
肉类	-18℃	数年至数十年
	4℃	150 天
骨髓	-4℃	188 天
粪便 / 尿液	4℃	160 天
	常温	11 天
带血的木板	—	70 天
污染的猪圈中	常温	至少能存活 1 个月
内脏		105 天
苍蝇		2 ～ 3 天
咸肉		182 天
干肉		300 天
熏制和剔骨肉		30 天
乙醚、氯仿等脂溶剂		可破坏囊膜使其失活

（二）流行病学特点

1. 传染源

ASF 的传染源主要是感染了 ASFV 的家猪、野猪、软蜱，携带 ASFV 的蚊、蝇、鼠等动物，受 ASFV 污染的饲料、猪肉制品，以及直接接触了 ASFV 的人员、设施（车辆、衣服、靴子、注射器）等，它们均可以传播病毒。

2. 传播途径

ASFV 的感染途径和传播方式主要是通过直接或者间接接触传染源而被感染，也可被感染了 ASFV 的软蜱叮咬而感染。ASFV 可经消化道、呼吸道、叮咬伤口、血液传播到全身各组织脏器从而引起猪只的全身性感染，在 2 ～ 3 米短距离内甚至可以通过气溶胶传播（Ann Sofie Olesena，2017；Wilkinson 等，1977）。ASFV 可以在猪与猪、人与猪、动物与猪、物品与猪之间进行水平传播，也可以从母猪传给仔猪造成垂直传播。ASFV 的传播循环主要有 3 种：① 家猪—家猪循环；② 野猪—野猪循环；③ 家猪—软蜱—家猪循环，ASFV 在不同的循环内可以持续存在（图 1–2）。

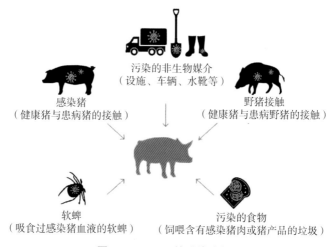

图 1–2 ASFV 的感染途径

（资料来源：Wageningen University & Research）

3.易感动物

各个年龄段的家猪和野猪均易感染 ASF。

(三) 临床表现

1.临床症状

ASF 的潜伏期通常为 4～19 天。强毒力毒株可引起以高热、食欲废绝、皮肤和内脏出血为特征的最急性和急性出血性疾病，通常在 4～10 天死亡，有时甚至在出现临床症状前死亡，死亡率可高达 100%。毒力稍弱的毒株感染表现为轻微发热、食欲减退、精神沉郁等温和临床症状，易与猪的其他疾病相混淆。不会产生出血症状的低毒力毒株偶尔会引发一些非出血性临床症状或仅是血清转阳，但有些动物可在肺和骨骼突出部位的皮肤上出现个别损伤，或在其他部位存在散在病灶。急性或慢性病例自然痊愈后可转成持续性感染，成为病毒携带者。带毒猪的抗应激能力差，在注射疫苗、转群等应激情况发生时极易发病死亡；带毒母猪的产仔能力差，容易产下弱仔及死胎，且产下的活仔猪带毒；带毒公猪的精液中可长期带毒。

2.临床分型

ASF 根据毒力和感染途径不同可表现为最急性型、急性型、亚急性型和慢性型。不同临床类型的死亡率、临床症状见表 1-2 和图 1-3。

表 1–2　ASF 的临床症状

临床分型	死亡率（感染后天数）	临床症状
最急性型	100%（1～4天）	高热（41～42℃），无其他临床症状，突然死亡。
急性型	90%～100%（6～9天）	1. 发热（40～42℃），沉郁，厌食，耳朵、四肢、腹部皮肤有出血点、发绀 2. 眼、鼻有黏液性分泌物，呕吐，便秘，粪便表面有血液和黏液覆盖，或腹泻，粪便带血 3. 步态僵直，呼吸困难，病程延长则出现神经症状 4. 妊娠母猪在妊娠的任何阶段均可出现流产
亚急性型	30%～70%（7～20天）	1. 症状与急性型相同，但病情较轻，死亡率较低，持续时间较长 2. 体温波动无规律，常高于40.5℃；呼吸窘迫，湿咳；关节疼痛、肿胀
慢性型	<30%（>1月）	低热（40～40.5℃），伴随呼吸困难，消瘦或发育迟缓。关节肿胀，局部皮肤溃疡、坏死

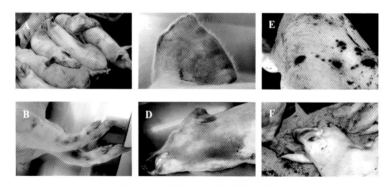

图 1–3　急性 ASF 的临床症状

A. 虚弱缩成一团取暖；B～D. 耳朵、四肢、颈部明显充血（红色）区域；

E、F. 颈部、耳朵皮肤表面坏死性病变

（四）实验室检测

1. 剖检病变

ASF 最典型的剖检病变是：脾脏显著肿大，一般情况下是正常脾脏的 3～6 倍，呈暗红色，质地变脆（图 1-4A）。肾脏包膜斑点状出血（图 1-4B）。淋巴结肿大出血，类似于血凝块（图 1-4C）。其他剖检变化包括心脏、肺脏、肝脏、膀胱、胃等组织脏器出血、水肿（图片引自 Beltrán-Alcrudo et al., 2018）。

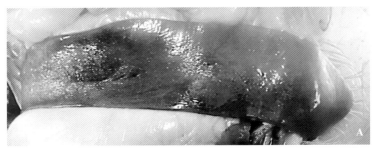

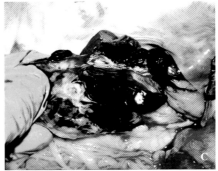

图 1-4　急性 ASFV 感染后的剖检病变

A. 脾脏显著肿大，呈暗红色，质地变脆　B. 肾脏包膜斑点出血　C. 淋巴结肿大出血，类似于血凝块

2. 病原鉴定

聚合酶链式反应（PCR）可以检测 ASFV 基因组 DNA。PCR 是一种敏感而快速的 ASFV 检测方法，可适用于多种条件，可以从鼻拭子、唾液、肛拭子、血液、组织、分泌物、环境等多种样品中检测到 ASFV 核酸。

（五）诊断标准

鼻拭子、唾液、肛拭子、血液、组织、分泌物等标本，ASFV 核酸检测为阳性；或者对标本中带有的病毒基因进行测序，测序结果与已知的 ASFV 序列高度同源。

（六）鉴别诊断

ASF 的临诊症状和剖检病变很难与猪瘟区别，对所有出现急性、热性和出血症状的病猪都应考虑进行这两种疫病的鉴别诊断。细菌性疾病引起的败血症也可能同 ASF 和猪瘟相混淆，因此有必要通过实验室诊断进行鉴别。

（七）防控建议

目前无 ASF 疫苗，只能依靠严格的生物安全措施来防控该病。

三、猪场生物安全体系建设的意义与原则

建设完善的生物安全体系，严格执行生物安全措施，是目前防控 ASF 的唯一有效途径。建设完善的猪场生物安全体系不仅能有效防控 ASF，也能大大减少其他猪病的发病风险，减少猪场疫苗、药物、保健品的使用，降低饲养成本，提高生产效率，也是猪场最经济、最有效的疫病控制体系。

猪场生物安全体系建设最重要的原则是：隔离、洗消、

监测。

（一）**隔离**

隔离是猪场生物安全建设的首要原则，让未感染动物远离已感染或潜在感染的动物和被污染物品，是阻止病原传播最有效的途径。具体包括猪场的合理选址与布局，建立围墙、隔离区等物理屏障，严格控制猪场车辆、人员、物资、猪只的流动等。

（二）**洗消**

猪场大部分物体表面的病原来源于粪便、尿液及分泌物，清洗可以洗掉大部分的病原污染物。所有的车辆、人员、物资在进入猪场前必须先经过彻底的清洗，无肉眼可见污物后再进行消毒。

消毒是消灭传染源的有效手段。有效消毒的关键在于消毒前的清洗是否彻底、消毒剂的选择是否合理、消毒的方法是否正确。猪场应该选择不易受到有机污物影响的复合配方消毒剂，这样的消毒剂通常含有表面活性剂，可以渗透污物，从而做到有效消毒。

（三）**监测**

监测是猪场生物安全体系建设的重要环节。生物安全措施制定的是否严密，执行的是否到位，肉眼无法分辨，只能通过严格的生物安全监测，定期检测病原，确保猪场生物安全体系的建设与实施没有漏洞。

第二章

猪场生物安全设施建设

一、猪场选址与布局

（一）猪场选址的原则及要求

猪场选址的原则是远离传染源，容易切断传播途径。猪场周围最好有天然的屏障，如山峦、沟壑、树林等。猪场应远离屠宰场、病死猪处理场；尽可能远离养殖场、公共交通道路、村庄、集市、垃圾处理场等。猪场周围有本猪场的专用道路，而且进出道路不交叉。

猪场选址最好能做到 10 千米以内无屠宰场；5 千米以内无活畜交易市场或者死猪处理场；5 千米以内的养猪场数量尽量少，如果有其他猪场在周边的话，尽量减少共用道路的交叉；2 千米以内尽量无村庄；1 千米以内无垃圾处理场和车辆公用洗消中心；500 米以内无公共交通道路。

（二）猪场生物安全等级划分

1. 健康等级划分

猪场生物安全健康等级由猪场饲养猪的代级而定，呈金字塔型。猪场生物安全健康等级从高到低依次为：原种猪场、祖代扩繁场、父母代猪场、商品猪场、育肥猪场（图 2-1）。

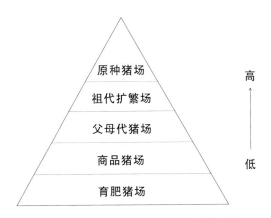

图 2-1　不同代级猪场的生物安全健康等级

同一猪场内，不同生产用途及不同生产阶段猪群的生物安全健康等级由高到低依次为：种公猪、种母猪（后备、妊娠、产房、断奶）、保育猪、育肥猪（图 2-2）。

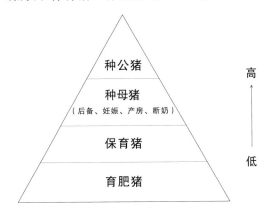

图 2-2　同一猪场不同生产阶段猪群的生物安全健康等级

任何猪场内部，猪只的流动只能从健康等级高的向健康等级低的方向流动，不可反方向流动。

2. 洁净程度划分

猪场生物安全区域按洁净程度可划分为净区、灰区和脏区，不同区域可以使用不同的颜色加以区分。未采取相应的生物安全措施时，不得跨区。

净区与脏区是相对的概念，在猪场的任何一个区域里，都有净区与脏区的区别。例如，在猪场内部，生活区相对于门卫是净区，相对于生产区是脏区。对于ASF而言，被ASFV污染的区域是脏区，没被污染的区域是净区。灰区是净区与脏区之间的过渡区与准备区，从任何一个脏区进入到净区之前，都要先在灰区采取严格的生物安全措施。例如，淋浴、消毒、更衣、换鞋或者穿上防护服及鞋套等（图2-3）。

从脏区进入净区，需要在灰区采取必要的生物安全措施

图2-3　猪场洁净程度划分示意

（三）猪场功能区域布局

猪场功能区域按照生物安全等级从高到低依次为：生产区、内部生活区、外部生活区和办公区、猪场外。其中，生产区按照生物等级从高到低依次为：种公猪舍、配怀舍、妊娠舍、产房、保育舍、育肥舍。

猪场各功能区域按照所在地的常年主导风向合理布局，将生物安全等级高的区域安排在上风向，生物安全等级低的区域安排在下风向。例如，猪场生产区安排在上风向，然后顺着风向依次为内部生活区、外部生活区和办公区，外部生活区和办公区处于风口最下方（图2-4）。

主导风向

图2-4　猪场功能区域布局要求示意

种公猪舍安排在上风方向，然后顺着风向依次安排配怀舍、妊娠舍、产房、保育舍、育肥舍，育肥舍处于下风口最下方（图2-5）。不同区域之间有明显的物理界限，每个区域都有相应的生物安全措施，实行严格的生物安全分区管理。

（四）猪场生物安全布局

生物安全措施到位的猪场，建议设置三道实体围墙。第一道围墙是猪场外围墙，第一道围墙和第二道围墙之间是猪场外部生活区和办公区，第二道围墙和第三道围墙之间是猪场内部生活区，第三道围墙以内是猪场生产区（图2-6）。

[][][]

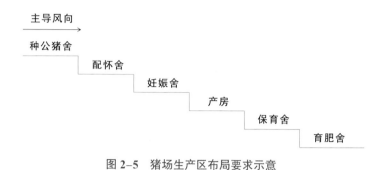

图 2-5　猪场生产区布局要求示意

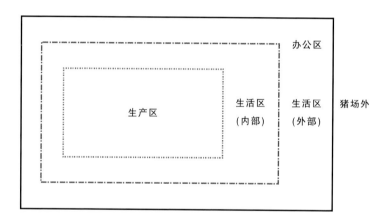

――― 猪场第一道围墙　　-·-·- 猪场第二道围墙　　······· 猪场第三道围墙

图 2-6　猪场生物安全 3 道围墙

　　猪场第一道围墙，即猪场外围墙，外围墙连接猪场大门、车辆消毒池和消毒通道、门卫室、出猪口、进猪口。

　　猪场第一道围墙与第二道围墙之间是外部生活区和办公区，设有办公楼、厨房、食堂、宿舍、菜地、物资储藏室、中转料塔等。

猪场第二道围墙，即猪场内围墙，跨围墙设有人员洗消室、物资洗消室。

猪场第二道围墙与第三道围墙之间是猪场内部生活区，设有厨房、食堂、宿舍、菜地、物资储藏室、内部车辆消毒室、废弃物资消毒室等。

猪场第三道围墙，即生产区围墙，跨围墙设有人员洗消室、食物传递窗、物资洗消室。

猪场第三道围墙以内是猪场生产区，设有食堂、宿舍、物资储藏室、各类猪舍、进猪缓冲舍、料塔、粪污处理、焚烧炉、内部车辆消毒室、废弃物资消毒室等。

在进猪缓冲舍与进猪口之间，有进猪通道相连。在第三道围墙与出猪口之间，有出猪缓冲带相连（图2-7）。

二、猪场重要生物安全设施

（一）猪场围墙

猪场外围墙是猪场抵御ASF的第一道防线，防控ASF最有效的措施就是把ASFV连同受感染的猪以及受污染的所有人、物、车等一起阻挡在猪场外。猪场建设的3道围墙需是实心围墙，墙体严密，没有排水管等任何漏洞。围墙要有一定的高度，至少2米高，阻止人畜进入，原则上越高越好。

猪场围墙上的各类大门需要是实心大门，围墙与大门之间连接紧密，能够有效阻止ASFV经物理途径进入猪场。猪场围墙及各类大门应该表面光滑，便于洗消。在猪场外围墙和大门的显著位置张贴"禁止入内"的警示标志。

野猪是ASF重要的易感动物与传染源。野猪既能爬，又

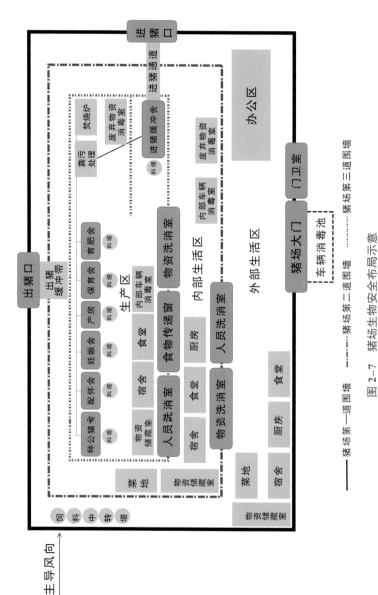

图 2-7　猪场生物安全布局示意

能打洞。所以，猪场的第一道围墙——外围墙，应该埋入地下 0.5 米，与地面有坚实的接触，以便把野猪阻挡在外。

老鼠是 ASF 重要的传播媒介。猪场外围墙周边需要铺设石子防鼠带。防鼠带是一条宽度为 25 ～ 30 厘米、厚度为 15 ～ 20 厘米的防护带，由直径小于 19 毫米的小滑石或碎石子铺成，因为小碎石小而不规则，成不了洞，而且老鼠在爬行时会刮痛肚皮，所以老鼠自然而然就不会往这里走。防鼠带可以保护墙脚裸露的土壤不被鼠类打洞营巢，同时也便于检查鼠情、放置毒饵和捕鼠器等。

猪场外围墙周围，应该铺设宽度在 1 米以上的水泥道路，并且定期消毒、巡查。建议有条件的猪场都要沿猪场外围墙安装监控，定期查看。定期清除围墙墙脚的杂草、藤蔓植物等。不要沿墙脚堆放物品。

（二）车辆洗消设施

被 ASFV 污染的车辆的流动，是造成 ASF 疫情蔓延最重要的原因。做好车辆洗消工作，对于猪场防控 ASF 至关重要。

车辆洗消最基本的要求是经过两级洗消：第一级是车辆洗烘站（即车辆洗消中心），第二级是车辆消毒点（即猪场大门的车辆消毒通道和车辆消毒池）。目前，一些大型集团公司已经开始做车辆三级或四级洗消点设计。

车辆三级洗消点的具体选址及功能如下：

（1）在距离猪场 3 ～ 5 千米处设立车辆一级洗消点，对车辆内外进行一般清洗。

（2）在距离猪场 1 ～ 3 千米处设立车辆二级洗消点，即车辆洗消中心，对车辆及人员进行核心洗消，并经 ASFV 检测合格。

（3）车辆三级洗消点的设置与二级洗消点大致一致，只是在车辆洗消中心与猪场之间距离猪场 1 千米处或出猪中转站入口处，增设车辆三级洗消点，设置车辆消毒通道（自动地喷、侧喷筒洗），对车辆进行第三次洗消。

（4）在猪场大门口设立车辆四级洗消点，设置车辆消毒通道和车辆消毒池，对车辆进行第四次洗消。其中，车辆二级洗消点即车辆洗消中心最为重要，车辆和人员都要经过清洗、消毒、检测。车辆三级洗消点和车辆四级洗消点也可以合并设置（图 2-8）。

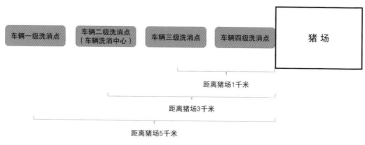

图 2-8 车辆四级洗消点位置示意

车辆一级洗消点和车辆二级洗消点的选址及布局，应符合以下基本要求：

① 远离养殖密集区和其他猪场 3 千米以上。

② 远离村庄 500 米以上。

③ 远离其他社会车辆冲洗点 500 米以上。

④ 排水性能好，具有污水处理能力。

⑤ 在车辆洗消点两端设入口、出口两个门，脏道和净道

分开，车辆从脏区向净区单向流动。

1. 车辆一级洗消点

车辆一级洗消点设置在距离猪场 3 ～ 5 千米的地方。车辆在车辆一级洗消点进行外表、车厢、驾驶室的初步清洗。车辆一级洗消点具备普通洗车的设备、水源及排污条件即可。

2. 车辆二级洗消点

（1）主要功能。车辆二级洗消点是车辆防控最重要的设施，即车辆洗消中心，设置在距离猪场 1 ～ 3 千米的地方。车辆在二级洗消点进行外表、底盘、轮胎、车厢、驾驶室的彻底清扫、清洗、消毒、烘干、检测，驾驶员及随车人员进行沐浴、更衣、换鞋、消毒、检测。

（2）功能分区。车辆二级洗消点包括以下几个功能区：围墙或者栅栏、入口、车辆清扫区、车辆洗消区、车辆烘干区、车辆烘干后停放区、人员洗消区、出口（图 2-9）。

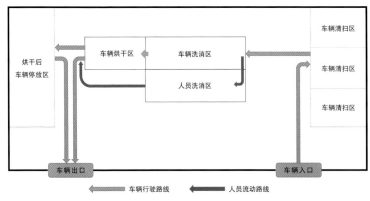

图 2-9　车辆二级洗消点的布局及车流、人流示意

（3）洗消流程。在车辆二级洗消点内，车辆、人员的流动顺序为：

① 脏的车辆及人员从车辆二级洗消点入口驶入。

② 车辆停放在车辆清扫区，对车辆的外表、轮胎和车厢进行彻底清扫，人员不下车。

③ 车辆驶入车辆洗消区，人员下车进入人员洗消区进行洗消，车辆经过车辆洗消区、车辆烘干区，完成车辆洗消及烘干，且 ASFV 检测呈阴性。

④ 人员在人员洗消区进行沐浴、更衣、换鞋、消毒，且 ASFV 检测呈阴性。

⑤ 人员在车辆烘干区出口处上车，将车辆驶入车辆烘干后停放区，或者直接驶出车辆二级洗消点的出口。

注意：车辆二级洗消点地面应硬化，便于清扫和消毒；应有污水处理设施。日常管理上，一定要保证进入车辆二级洗消点的车辆和人员从脏区到净区单向流动，才能确保洗消过程完整、有效（图 2-9）。

（4）建设要求。

① 车辆清扫区：车辆清扫区要按车位进行划分，车位与车位之间用实体墙隔离；车辆清扫区的地面、墙壁要光滑，便于对环境进行清洗消毒。

② 车辆洗消区：车辆洗消区是核心区域。在硬件建设上，可分为全自动洗消系统、半自动洗消系统、人工洗消 3 种类型。为保证车辆洗消效果，建议有条件的猪场使用全自动洗消系统。

A. 全自动洗消系统　全自动洗消设备主要包括高压底盘洗消系统、往复式龙门洗消系统、往复式自动风干系统、龙门式高压风刀。高压底盘洗消系统配置有高压冲洗喷嘴、消毒剂泡沫喷嘴、消毒剂消毒雾化喷嘴，主要对车辆底盘和轮胎进行洗消；往复式龙门洗消系统也配置有高压冲洗喷嘴、消毒剂泡沫喷嘴、消毒剂消毒雾化喷嘴，主要是针对除底盘以外的车辆外表进行洗消；往复式自动风干系统有多个高速风机，从车头到车尾来回移动，对车

图2-10　威特全自动车辆洗消系统

体进行风干；龙门式高压风刀位于车辆洗消区与车辆烘干区之间，主要是对车辆外表进行一过性吹干。全自动洗消系统也需要配备人工使用的高压热水枪、消毒剂泡沫喷洒枪、消毒剂雾化喷洒枪、手持吹水机等，主要是对车辆驾驶室和车厢内部进行洗消（图2-10）。

　　B.半自动洗消系统　半自动洗消系统的自动洗消设备配置，是在全自动洗消系统的基础上做减法，配置多少取决于猪场的经费预算。建议至少要保留高压底盘洗消系统，以便将人工最难洗消的车辆底盘和轮胎洗消彻底；最好能将往复式龙门洗消系统也保留，这样可以大大减少车辆洗消的人工成本，并且能够保证车辆洗消质量，或者换成成本相对较低的静态360°车辆洗消系统，静态360°车辆洗消系统与往复式龙门洗消系统的区别在于：拱形门架的位置固定，不能往返移动，只

能通过车辆来回驶过拱形门架，对车辆外表和底盘进行洗消；在经费预算不足的情况下，往复式自动风干系统和龙门式高压风刀可以不配。半自动洗消系统，也需要配备人工使用的高压热水枪、消毒剂泡沫喷洒枪、消毒剂雾化喷洒枪、手持吹水机等，主要是对车辆驾驶室和车厢内部进行洗消（图2-11）。

图2-11　威特半自动车辆洗消系统

C.人工洗消　人工洗消就是用人工替代所有自动洗消设备的工作，只需要配备人工使用的高压热水枪、消毒剂泡沫喷洒枪、消毒剂雾化喷洒枪、手持吹水机即可。人工洗消的优点是建设成本相对较低，不需要配制自动洗消设备；缺点是人工费较高，且车辆的洗消效果存在人为的不确定因素。

③ 车辆烘干区：车辆洗消后的烘干是生物安全中不可缺少的工序。车辆整车烘干要耗费大量的能量，因此合理设计烘干房非常重要。

烘干房两侧各设置1台循环加热系统，对空气进行加热。烘干房底部设置2台底部送风风机，每台功率4千瓦，将烘干房顶部的热空气通过预置管道输送至底盘分流器（一拖八，共16个分流器），通过分流器由下向上均匀扩散热风，对车辆底盘及外表进行烘干。车厢内部可以放置20千瓦便携式电加热系统，将车厢内部温度升至70℃；或者用耐热软管连接送风机风管，直接将热风吹进车厢内，进行烘干除菌。烘干房内设置自动排湿机，当环境湿度达到设定的标准时，自动进行排湿，以保证烘干效果（图2-12）。

图 2-12　威特车辆烘干房

④ 人员洗消区：人员洗消区由以下几个功能室组成：值班室、工具房、卫生间、更衣室、淋浴间、换衣室、消毒池、休息室。

人员洗消区的设计与布局有以下几点要求：一是分区明显，不同区域之间有相应的起物理隔离作用的隔离凳；二是单向流动，只有通过淋浴间才能进入净区换衣室；三是人员洗消室的环境要舒适，提供适宜的温度、干净的环境、优质的淋浴用品，使员工愿意认真主动地执行人员洗消流程（图2-13）。

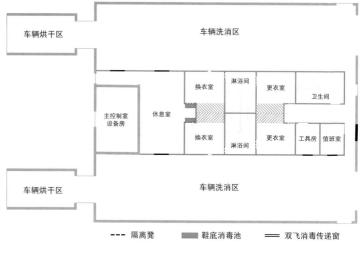

图 2-13　人员洗消区布局

3.车辆三级洗消点

车辆三级洗消点建在距离猪场 1 千米的地方，可以设在猪场出猪中转站或者物资中转站处。车辆在三级洗消点进行外表、底盘、轮胎的喷雾消毒，人员不下车。车辆三级洗消点设有车辆消毒通道、自动地喷和侧喷喷雾消毒系统。当车辆通过三级洗消点的车辆消毒通道时，自动地喷和自动侧喷喷雾消毒系统自动启动，对车辆外表、底盘、轮胎喷洒喷雾消毒剂，直至车辆离开。车辆三级洗消点的布局也适用于各级消毒检查站（图 2-14）。

4.车辆四级洗消点

车辆四级洗消点设置在猪场大门外，即猪场大门车辆消毒通道和车辆消毒池。车辆驶过四级洗消点时，车辆消毒通道对

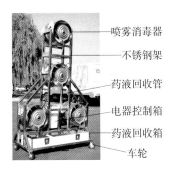

喷雾消毒器
不锈钢架
药液回收管
电器控制箱
药液回收箱
车轮

此图引自 http://bjrxxh.51sole.com/
companyproductdetail_202991672.htm

此图引自 http://dd13816.51sole.com/companyproductdetail_192402809.htm

图 2-14　离心式喷雾消毒通道

车辆的外表和底盘进行喷雾消毒，车辆消毒池对车辆的轮胎进行浸泡消毒，人员不下车。

车辆消毒通道可以采用静态 360° 车辆消毒系统，也可以人工喷洒消毒剂；车辆消毒池的尺寸要根据车辆宽窄、底盘高矮、轮胎周长等设计，并在上方建立遮雨棚，也可以在两边设置空中通道，便于人工对车辆外表喷洒消毒剂（图 2-15）。

5. 车辆二级洗消点洗消实例

车辆二级洗消点即车辆洗消中心，是车辆防控最重要的设施。具体洗消做法以江苏现代农业（生猪）产业技术体系镇江

图 2-15 威特静态 360° 车辆消毒系统

示范基地中镇江威特智能设备有限公司的车辆洗消系统和硕腾公司的车辆洗消系统为例进行介绍。

车辆在二级洗消点的洗消流程是：预约登记—车辆驶入—车辆清扫—驾驶室洗消—车辆预冲洗—泡沫消毒剂喷洒—精冲洗—车辆风干—喷雾消毒—车辆烘干—检验合格—车辆放行。实施车辆洗消之前，要确保洗消中心的工作人员身着干净的防护服，人员定岗定位，工具专岗专用，各区域的工作人员不可串岗，各区域的洗消工具不可混用。

（1）车辆清扫。车辆在二级洗消点入口处预约登记后驶入，停靠在车辆清扫区的指定车位。必须先将所有污物从车辆上除去。工作人员用清扫工具进行清扫，确保车厢内外都打扫干净。

① 车辆内部：采取从上至下的清扫顺序，先对车厢顶层货台进行清扫，刮掉车厢内所有的泥污和垃圾，然后扫净地板、四壁等，要确保车厢所有地方的污物都清扫干净，清理下来的泥污和垃圾要收集起来，按照污物处理的生物安全管理原则处理。

② 车辆外部：从上到下对车辆外部进行清扫，采用硬质

刷子等工具刮掉附着在车辆表面的泥污及有机物，尤其要对车辆的底盘、轮胎、挡泥板进行清扫，清理下来的污物要收集起来，按照污物处理的生物安全管理原则处理。

注意：清扫下来的污物要及时处理；一车一洗消，每辆车清扫离开后，立即对该车的停放区域及清扫工具进行彻底清洗及消毒。

（2）车辆洗消。车辆在清扫区彻底清扫后，驶入车辆洗消区的指定位置；驾驶员下车，进入人员洗消区进行沐浴更衣，然后在休息室休息等待。

① 驾驶室洗消：车辆洗消区的工作人员对车辆驾驶室进行彻底清洗和消毒。首先对驾驶室里的物品进行彻底清理，能拿走的物品全部移出驾驶室，包括踩脚垫、座椅套、衣物、靴子等；扫净驾驶室里的碎屑等污物和脚踏板上的泥污，装入垃圾袋，按照污物处理的生物安全管理原则处理；用泡沫清洁剂清洗驾驶室地胶、脚垫和脚踏板，让清洁剂充分浸润污渍20分钟以上，然后用清水冲净；用干净的布料浸满消毒液（例如，百胜-30溶液1∶200倍稀释液），对驾驶室座椅、操控台等可以浸水的部位进行清洗消毒；确保移出驾驶室的所有物品，经过清洗消毒之后再放回驾驶室；关闭驾驶室门窗，用臭氧发生器或者烟熏方式消毒，也可以在驾驶室内放置镇江威特烟雾消毒机喷洒威特利剑消毒剂（1∶400倍稀释液）或者戊二醛癸甲溴铵溶液（1∶500倍稀释液）消毒，消毒时间为10～30分钟。

② 车辆预冲洗—泡沫消毒剂喷洒—精冲洗—车辆风干—喷雾消毒。具体操作如同以下几个实例。

实例一：威特全自动车辆洗消系统

车辆预冲洗：工作人员手持高压热水喷枪进入车厢，对车厢内部进行上下左右全方位的预冲洗。车厢内部预冲洗完毕，工作人员离开车厢，启动高压底盘清洗系统和往复式龙门洗消系统，49 个高压冲洗喷嘴对车辆的底盘和外表进行高压热水冲洗，高压冲洗喷嘴从车头移至车尾，每趟 2.7 分钟，冲洗 2 ～ 3 趟，具体由车辆脏污程度决定。

泡沫消毒剂喷洒：工作人员手持泡沫消毒剂喷洒枪进入车厢，对车厢内部上下左右全方位喷洒泡沫消毒剂。车厢内部喷洒完毕，工作人员离开车厢，启动高压底盘清洗系统和往复式龙门洗消系统，44 个泡沫喷嘴对车辆的底盘和外表喷洒泡沫消毒剂，泡沫喷嘴从车头移至车尾，每趟 2 分钟，使消毒剂的泡沫停留在车辆表面，与泥土、粪便等污物充分反应，喷洒 2 ～ 3 趟，具体由泡沫消毒剂浓度及车辆脏污程度决定，要让清洗剂覆盖所有的表面并进入所有的缝隙。将车底工具箱取下，取出里面的工具（如铁锹、扫帚、挡板等）洗净，并在工具及工具箱内外壁喷洒泡沫清洗剂。留出至少 20 分钟的时间让洗涤剂充分浸润，之后用清水高压冲洗干净。泡沫消毒剂可选用戊二醛类泡沫型消毒剂（如威特醛）或者碱性泡沫清洁剂（如威特洁净），原液或稀释液喷洒。

精冲洗：精冲洗的目的是将泡沫消毒剂及其洗消下来的泥土、粪便等污物彻底清除。工作人员手持高压热水喷枪进入车厢，对车厢内部进行上下左右全方位的精冲洗。车厢内部预冲洗完毕，工作人员离开车厢，启动高压底盘清洗系统和往复式龙门洗消系统，49个高压冲洗喷嘴对车辆的底盘和外表进行高压热水冲洗，高压冲洗喷嘴从车头移至车尾，每趟2.7分钟，冲洗2～3趟，具体由车辆脏污程度决定。将车底工具箱里的工具及工具箱内外壁冲洗干净。

车辆风干：工作人员手持吹水机进入车厢，将车厢内的水渍吹干。车厢内部吹干后，工作人员离开车厢，启动自动风干系统，6个高速风机对车体进行风干，高速风机从车头移至车尾，每趟2分钟，风干2～3趟，具体由车辆风干速度决定。

整车静置几分钟，自然风干，让车辆底盘、外表的水流掉；工作人员机进入车厢，将车厢内的水渍尽量扫干或者风干。

喷雾消毒：工作人员手持消毒雾化喷嘴进入车厢，对车厢内部上下左右全方位喷洒雾化消毒剂。车厢内部喷洒完毕，工作人员离开车厢；启动高压底盘清洗系统，消毒雾化喷嘴对车辆的底盘喷洒雾化消毒剂，消毒雾化喷嘴从车头移至车尾，每趟2分钟，每隔5～10分钟自动喷雾消毒1次，使全车外表和底盘被消毒液浸润30分钟以上，以保证消毒效果。特别需要注意车辆底盘、轮胎和挡泥板的消毒。车底工具箱里的工具，例如铁锹、扫帚、挡板之类，都要喷洒消毒剂，或用消毒剂浸泡；对车底工具箱内表面喷洒消毒剂，然后把消毒后的工具放回。喷雾消毒剂可使用过硫酸氢钾复合盐类消毒剂（如威特利剑1：200倍稀释液）或者广谱高效消毒剂（如百胜-30或瑞全消）。喷雾消毒后，车辆驶过龙门式高压风刀时风刀自动启动，对车辆进行风干，车辆驶过减速带时可降低车速增加风干时间，并且可以震落大颗粒水珠，提高下一步烘干效率。

车辆控水晾干至无滴水状态，然后进入车辆烘干区。

实例二：威特半自动车辆洗消系统

车辆预冲洗：工作人员手持高压热水喷枪进入车厢，对车厢内部进行上下左右全方位的预冲洗。车厢内部预冲洗完毕，工作人员离开车厢；启动高压底盘清洗系统，高压冲洗喷嘴对车辆的底盘进行高压热水冲洗，高压冲洗喷嘴从车头移至车尾，每趟2.7分钟，冲洗2～3趟，具体由车辆脏污程度决定；启动静态360°车辆消毒系统，拱形门架上的高压冲洗喷嘴和地面喷嘴喷出高压热水，车辆来回驶过拱形门架2～3趟，对车辆外表和底盘进行冲洗。

泡沫消毒剂喷洒：工作人员手持泡沫消毒剂喷洒枪进入车厢，对车厢内部上下左右全方位喷洒泡沫消毒剂。车厢内部喷洒完毕，工作人员离开车厢；启动高压底盘清洗系统，泡沫喷嘴对车辆的底盘喷洒泡沫消毒剂，泡沫喷嘴从车头移至车尾，每趟2分钟，使消毒剂的泡沫停留在车辆表面，与泥土、粪便等污物充分反应，喷洒2～3趟，具体由泡沫消毒剂浓度及车辆脏污程度决定；启动静态360°车辆消毒系统，拱形门架上的泡沫喷嘴和地面喷嘴喷出泡沫消毒剂，车辆来回驶过拱形门架2～3趟，对车辆外表和底盘喷洒泡沫消毒剂。泡沫消毒剂可选用戊二醛类泡沫型消毒剂（如威特醛）或者碱性泡沫清洗剂（如威特洁净），原液或稀释液喷洒。

精冲洗：精冲洗与预冲洗的程序完全相同，目的是将泡沫消毒剂及其洗消下来的泥土、粪便等污物彻底清除，冲洗2～3趟，具体由车辆脏污程度决定。

车辆风干：工作人员手持吹水机进入车厢，将车厢内的水渍吹干。车厢内部吹干后，工作人员离开车厢，启动自动风干系统，6 个高速风机对车体进行风干，高速风机从车头移至车尾，每趟 2 分钟，风干 2 ~ 3 趟，具体由车辆风干速度决定。

喷雾消毒：工作人员手持消毒雾化喷嘴进入车厢，对车厢内部上下左右全方位喷洒雾化消毒剂。车厢内部喷洒完毕，工作人员离开车厢，启动静态 360° 车辆消毒系统，拱形门架上的消毒雾化喷嘴和地面喷嘴喷出雾化消毒剂，每隔 5 ~ 10 分钟车辆来回驶过拱形门架一趟，使全车外表和底盘被消毒液浸润 30 分钟以上，以保证消毒效果。喷雾消毒剂可使用过硫酸氢钾复合盐类消毒剂（如威特利剑 1 : 200 倍稀释液）。喷雾消毒后，车辆驶过龙门式高压风刀时风刀自动启动，对车辆进行风干，车辆驶过减速带时可降低车速增加风干时间，并且可以震落大颗粒水珠，提高下一步烘干效率。车辆控水晾干至无滴水状态，然后进入车辆烘干区。

实例三：硕腾车辆洗消方案

第一步：将车辆内外打扫干净。使用洗百健泡沫清洗剂，按照从内到外、从上到下、从前到后的顺序喷洒车辆内外，确保不留死角，并充分浸泡 10 ~ 15 分钟。

第二步：用中低压力清水冲洗车辆内外，不留死角。若车内使用隔板架层，应将隔板拆下彻底清洗干净。车底工具箱及工具需要取出后进行彻底清洗。干燥后，准备消毒。

第三步：工作人员手持消毒雾化喷嘴，使用 1 : 200 倍稀释的百胜 -30 消毒剂对车厢内部、车辆外表、底盘、轮胎、车底工具箱及工具进行喷洒（或者用 1：200 倍稀释的百胜 -30 消毒剂浸泡），确保车辆内外被消毒液浸润 30 分钟以上，以保证消毒效果。把消毒后的工具放回。车辆控水晾干至无滴水状态，然后进入车辆烘干区。

百胜 -30 消毒剂在车辆消毒时的使用量估算如下。

（1）卡车消毒。以一辆长、宽、高分别为 9 米、2.5 米、3 米的卡车为例，一辆卡车需要喷洒的表面积约 160 米²。将百胜 -30 消毒剂做 1：200 倍稀释，每平方米需要喷洒稀释后的消毒液 600 毫升，共需要喷洒消毒液约 100 升，需要百胜 -30 消毒剂原液约 500 毫升。

（2）轿车消毒。以一辆长、宽、高分别为 5 米、2 米、1.5 米的轿车为例，一辆轿车需要喷洒的表面积约 35 米²。将百胜 -30 消毒剂做 1：200 倍稀释，每平方米需要喷洒稀释后的消毒液 600 毫升，共需要喷洒消毒液约 20 升，需要百胜 -30 消毒剂原液约 100 毫升。

注意：无论参照哪种实例方式进行车辆洗消，车辆在离开车辆清洗区后，要立即用清洗剂冲洗车辆清洗区的地面，不留任何泥污、碎屑；对工作人员的防水外套和靴子进行冲洗消毒。车辆清洗消毒后的废水应按环保要求进行集中处理，不能随意排放；污物按照生物安全管理规定集中处理。

（3）车辆烘干。车辆洗消后，进入烘干房对车辆内外进行烘干。打开车厢及驾驶室的门窗，尽可能保证车辆各部位受热均匀。当车辆外部及车厢内温度达到 70℃时，电加热系统自动调整保持恒温，维持 30 分钟，有效烘干杀菌。烘干房内设置自动排湿机，当环境湿度达到设定标准时，自动进行排湿，以保证烘干效果。

车辆烘干后，对车辆底盘、外表、驾驶室、车厢内多点采样，经检测合格后，车辆放行。如不能做到及时检测，则需要将洗消、干燥后的车辆停在烘干后车辆停放区停放12～48小时，方可使用。

（4）人员洗消。人员洗消流程如下。

①待洗消人员首先经过卫生间，然后将指甲剪干净，将手机、眼镜等需要洗消的随身物品交给值班室人员拿到工具房洗消。洗消后，值班人员将消毒后的随身物品以及干净的衣服、鞋子放入换衣室双飞消毒传递窗中。

②坐在更衣室门口的隔离凳上，脱掉脏鞋，注意脚不要落地，坐着转身，换上干净的拖鞋。

③进入更衣室，脱掉脏衣服。

④坐在淋浴间门口的隔离凳上，脱掉脏拖鞋，注意脚不要落地，坐着转身，换上干净的拖鞋。

⑤进入淋浴间淋浴，沐浴时间要求10～15分钟。

⑥坐在换衣室门口的隔离凳上，脱掉湿拖鞋，注意脚不要落地，坐着转身，换上干净的拖鞋。

⑦进入换衣室，用干净的毛巾擦干身体，用吹风机吹干头发，从双飞消毒传递窗中取出消毒后的随身物品以及干净的衣服、鞋子，换上干净的衣服。

⑧坐在换衣室门口的隔离凳上，脱掉拖鞋，注意脚不要落地，坐着转身，换上干净的鞋子。

⑨在换衣室室门口的消毒池里进行鞋底消毒。

⑩进入休息室休息等待。

注意：全程不能逆方向行走。

（5）洗消效果评估。

① 眼观评估标准：车辆干燥，无可视污物，如粪便、血液、组织、黏液、皮毛、泥浆等；人员可视皮肤、头发、衣物干燥，无可视污物。

② ASF 病原检测：采集车辆、人员样品，检测 ASF 病原。若检测结果为阴性，则放行；若检测结果呈阳性，则应重新洗消，直至检测结果为阴性为止。

（三）人员洗消隔离设施

人员流动是 ASFV 进入猪场的又一个重要途径。因此，猪场必须建有人员洗消室、人员隔离舍，所有人员进入猪场都要严格执行人员洗消、隔离的生物安全管理规定。

1. 人员洗消室

（1）设计布局及要求。可靠的人员生物安全管控实行的是三级洗消。在跨越猪场第一道围墙、第二道围墙、第三道围墙的位置，都需要设立人员洗消室。人员洗消室跨猪场围墙而建，设有入口、出口两扇门，入口大门位于猪场围墙外，出口大门位于猪场围墙内，是人员进入猪场围墙的唯一通道。

人员洗消室主要包括以下几部分：入口、换鞋区、隔离凳、卫生间、更衣室、隔离凳、淋浴间、隔离凳、换衣室、隔离凳、换鞋区、鞋底消毒池、出口、外工具房、内工具房、双飞消毒传递窗（图 2-16）。

人员洗消室的设计与布局有以下几点要求：一是脏区、灰区、净区划分明显，不同区域之间有相应的起物理隔离作用的隔离凳；二是单向流动，只有通过淋浴间才能进入净区换衣

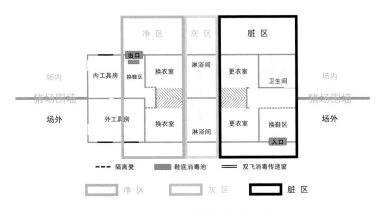

图 2-16 人员洗消室结构示意

室；三是要考虑整个人员洗消室的舒适性与人性化，提供适宜的温度、干净的环境、优质的淋浴用品；四是保证充足的沐浴时间，两侧的门有定时开关功能，脏区的门关闭后自动开始10～15分钟倒计时，倒计时结束，净区的门才能开启。

（2）净区与脏区的划分。人员洗消室的脏区与净区以淋浴间为界限划分。

脏区：从入口到进入淋浴间的隔离凳的区域，包括入口、换鞋区、卫生间、更衣室。场外所有个人物品，如衣服、鞋子、帽子、眼镜、手机等，均需留在脏区（由门卫或场外管理人员收集、消毒后保存）。

灰区：淋浴间。

净区：从出淋浴间的隔离凳到出口的区域，包括换衣室、换鞋区、出口。净区所有的衣物、鞋子、消毒后的手机和眼镜，均由场内提供。

（3）人员洗消流程。洗消人员由人员洗消室的入口进入，洗消完成后，从出口进入猪场，具体流程如下。

① 洗消人员由人员洗消室入口处进入入口换鞋区，首先将指甲剪干净，然后坐在换鞋区的隔离凳上，脱下脏鞋子留在换鞋区，注意脚不要落地；转身将双脚挪到隔离凳的另一侧，穿上干净的拖鞋。将必须带入猪场的随身用品（手机、眼镜等）放在隔离凳上。

② 进入卫生间，或者直接进入更衣室脱掉所有衣物。

③ 坐在更衣室与淋浴间之间的隔离凳上，脱下拖鞋留在更衣室，注意脚不要落地；转身将双脚挪到隔离凳的另一侧，穿上干净的拖鞋，进入洗澡间。

④ 进入淋浴间淋浴。

⑤ 沐浴后，坐在淋浴间与换衣室之间的隔离凳上，脱下拖鞋留在洗澡间，注意脚不要落地；转身将双脚挪到隔离凳的另一侧，穿上干净的拖鞋，进入换衣室。

⑥ 用干毛巾擦干体表水并用吹风机吹干头发，从换衣室的双飞消毒传递窗中取出干净的衣服换上（不同区域的衣服可以使用不同的颜色）。

⑦ 坐在换衣室与出口换鞋区之间的隔离凳上，脱下拖鞋留在换衣室，注意脚不要落地；转身将双脚挪到隔离凳的另一侧，换上干净的鞋子或靴子。

⑧ 站在出口消毒池中进行鞋底消毒。

⑨ 等计时器到达设定时间后，语音提示，净区的门打开，人员从出口出来，进入场内。

（4）衣物洗消流程。人员洗消室的衣物洗消在内外两个工具房完成。外工具房的门位于脏区，内工具房的门位于净区，内外工具房之间有双飞消毒传递窗连接。要严格做到内外两个工具房工作人员的工作职责不交叉、行走路线不交叉、洗消工具不交叉。

① 工作职责不交叉：外工具房的工作人员：负责脏区和灰区的环境清扫及消毒；洗消在脏区脱下来的脏衣物、脏鞋子、随身物品，洗消在脏区和灰区使用过的拖鞋；提供在脏区和灰区使用的干净拖鞋。

内工具房的工作人员：负责净区的环境清扫及消毒；洗消在净区使用过的毛巾、拖鞋，提供在净区使用的干净衣服、鞋子、毛巾、拖鞋。

② 行走路线不交叉：外工具房的工作人员，在洗消人员进入洗澡间（完成沐浴进入场区后），从人员洗消室的入口进入，将放在换鞋区隔离凳上的随身物品、换鞋区隔离凳外侧的脏鞋子、更衣间的脏衣服、在更衣间使用过的拖鞋取出，拿到外工具房进行清洗、消毒；将消毒后的随身物品放入与内工具房连接的双飞消毒传递窗中；洗消后的脏鞋子和脏衣服，不进入猪场内部，而是放在外工具房储存，或者提供给外部员工使用；洗消后的拖鞋放回脏区和灰区的干净拖鞋架上（人员洗消室入口处隔离凳的内侧拖鞋架、进入洗澡间的隔离凳的内侧拖鞋架）备用。在人员洗消完毕离开洗消室后，外工具房的工作人员从入口进入，对脏区和灰区的环境和用具进行彻底清扫及消毒。

内工具房的工作人员从人员洗消室的出口进入，将干净的衣服、毛巾、拖鞋分别放在换衣室里的干净衣架、毛巾架、拖鞋架上；将在内工具房洗消干净的鞋子以及从双飞消毒传递窗传递过来的消毒后的随身物品放在出口处的换鞋区；在出口鞋底消毒池中放入新配制的消毒液。在人员洗消完毕离开洗消室后，内工具房的工作人员从出口进入，取出在净区使用过的拖鞋和毛巾，对净区的环境和用具进行彻底清扫及消毒。

③洗消工具不交叉：外工具房与内工具房之间的双飞消毒传递窗，只用于将在外工具房消毒后的随身物品（手机、眼镜等）传递给内工具房，不可用于传递其他物品及其他用途。且操作时，需要严格执行双飞消毒传递窗的生物安全使用规定。

2. 人员隔离宿舍

人员隔离宿舍是人员洗消室的配套设施。经过人员洗消室洗消的人员进入猪场内后，首先进入人员隔离宿舍，隔离48～72小时（也可以在场区外的隔离点隔离48小时，然后专车送至场区，洗消进场后在场内隔离宿舍再隔离24小时），隔离期间的生活起居、洗漱用餐、娱乐健身均在隔离宿舍内进行，不得离开人员隔离宿舍房间，以便将在猪场外吃入的食物彻底代谢排出。

人员隔离宿舍的位置相对独立，四周空气清新，房间内部生活设施齐备、基本生活用品齐全、温度条件适宜、环境卫生整洁，内设卫生间、淋浴间，有网络、电视、健身等休闲娱乐设施及干净的换洗衣物，安排人员每天按时送饭菜、收餐余，能够让隔离人员安心接受隔离。

在隔离宿舍隔离的人员，应该注意个人生活卫生，特别是饭前便后勤洗手，厕后及时彻底冲掉排泄物，每天洗澡换衣服。

人员隔离宿舍的工作人员要确保隔离宿舍内的环境、设施及生活用品均经过彻底洗消，且生活用品的数量能满足72小时隔离期间使用。在被隔离人员隔离期间，工作人员不要进入隔离宿舍清洁打扫；等隔离人员隔离完毕，离开隔离宿舍以后，工作人员再进入隔离宿舍的房间对环境、设施及生活用品进行彻底洗消。

3. 进猪舍前的人员洗消室

进猪舍前的人员洗消室位于猪场生产区里面。已进入生产区的工作人员，在进入自己专管的猪舍前，应该彻底洗手、换工作服、换靴子、鞋底消毒。在猪场生产区内的工作人员不可以串舍，人员定舍定岗，工具专舍专用。

进猪舍前的人员洗消室可以参考丹麦无淋浴进场流程设计，由以下几个功能室组成：脱衣鞋区（脏区）、洗手区（灰区）、换衣鞋区（净区）（图 2-17）。

进猪舍前人员洗消室的设计与布局有以下几点要求：一是

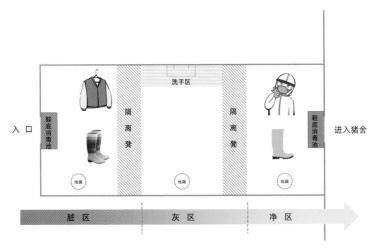

图 2-17　进猪舍前的人员洗消室结构示意

分区明显，不同区域之间有相应的起物理隔离作用的隔离凳；二是人员单向流动，只有通过洗手区（灰区）才能进入换衣鞋区（净区）；三是每个区域的地面均设有地漏，以便分区域进行环境洗消；四是要考虑整个人员洗消室的舒适性与人性化，提供适宜的室温和水温、干净的环境、优质的洗手用品（洗手液、擦手纸、护手霜）、便捷的设施（废纸篓）；五是安装监控，监督洗消流程。

进猪舍前人员洗消室的人员洗消流程如下。

① 待洗消人员打开脏区的门进入，关门。

② 坐在脏区与灰区之间的隔离凳上，脱掉脏鞋，留在地垫上，坐着转身，注意脚不要落在脏区的地面上，穿灰区拖鞋站立在灰区。

③ 在灰区洗手池用流水洗手，用洗手液和水彻底把手洗干净，注意用洗手液擦洗指甲缝，用水冲净指甲缝里的脏物。

④ 用擦手纸擦干手上的水渍，将使用过的擦手纸丢入废纸篓。

⑤ 坐在灰区与净区之间的隔离凳上，坐着脱去灰去拖鞋，然后转身，注意脚不要落在净区的地面上，穿上净区的靴子。

⑥ 站在净区门口的鞋底消毒池里进行鞋底消毒。

⑦ 打开净区的门，人员出门，进入猪舍。

注意：人员全程不能逆方向行走。

（四）物资洗消传送设施

物资流动是 ASFV 进入猪场的重要途径之一，因此，所有物资在进入猪场内部生活区和生产区之前都要遵循严格的生物安全规范，避免将 ASFV 带入猪场内部。需要进入猪场的物资分为以下几类：生活用品、生产用品、饲料、食品。物资洗消室、饲料中转塔、食物传递窗是猪场物资传送的重要生物安全设施。

1. 物资消毒室

（1）设计布局及要求。物资洗消室跨猪场围墙而建，是物资进入猪场围墙的唯一通道。设有入口、出口两扇门，入口位于猪场围墙外，出口位于猪场围墙内，中间放置镂空的气体消毒架，区分物资洗消室的脏区与净区。物资洗消室主要包括以下几部分：入口、鞋底消毒池、清洗池、液体消毒池、气体消毒架、出口（图2–18）。

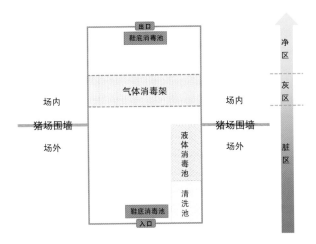

图2–18 物资洗消室结构示意

物资洗消室的消毒可以采用臭氧和甲醛等进行熏蒸消毒，也可以在置物架的上、中、下3个部位布控紫外线灯进行紫外线消毒，或者进行喷雾消毒。其中，熏蒸和喷雾消毒均要求物资洗消室有良好的密闭性。

物资洗消室的设计与布局有以下几点要求：一是分区明显，不同区域之间必须有严格的物理隔绝设施，气体消毒架的两端靠墙，以便将物资洗消室的净区与脏区彻底分开；二是单向流动，物资必须通过消毒架消毒后才能进入场区（内区）；三是保证洗消时间，无论是浸泡消毒，还是熏蒸消毒，都要保证足够的消毒时间；四是所使用的消毒剂和消毒工具对工作人员安全，或对工作人员有足够安全的防护措施。

（2）净区与脏区的划分。物资洗消室的脏区与净区以气体消毒架为界限划分。

脏区：从入口到气体消毒架的区域，包括入口、鞋底消毒池、清洗池、液体消毒池。

灰区：气体消毒架。

净区：从气体消毒架到出口的区域，包括鞋底消毒池、出口。净区所有的衣物、鞋子、消毒后的手机和眼镜，均由场内提供。

（3）物资洗消流程。物资洗消的具体流程如下。

① 外部工作人员从物资洗消室入口处将待洗消物资搬进物资洗消室，同时踩踏鞋底消毒池进行鞋底消毒。注意：此时，出口门窗应该处于关闭状态。

② 在物资消毒室的脏区拆掉待消毒物资的外包装，可以进行浸泡消毒的物资，先放入液体消毒池中浸泡消毒，擦干，然后再放到气体消毒架上。在浸泡消毒前，如果需要清洗，先在清洗池中清洗，擦干，或者用抹布擦净表面，再浸泡消毒。不能进行浸泡消毒的物资，先用75%的酒精棉球或者蘸有消毒液的抹布擦净表面，然后放到气体消毒架上。注意：为了使

消毒气体能够充分接触到物资表面，放置在气体消毒架上的物品要分散摆放，物体与物体之间需要留有间隙。

③ 工作人员从入口离开物资洗消室，关闭门窗，设定好消毒时间，打开消毒设施（熏蒸消毒、紫外线消毒或者喷雾消毒）。

④ 消毒结束后，内部工作人员打开物资洗消室出口门窗，通风换气后，从出口进入，踩踏鞋底消毒池消毒鞋底。注意：此时入口门窗应该处于关闭状态。

⑤ 将气体消毒架上已消毒好的物资搬运到场内。

2. 饲料中转塔

饲料是猪场用量最大的物资，但饲料在加工、运输及转移的过程中，原料、饲料外包装、饲料车都容易将 ASFV 带入猪场。为了解决这个问题，一方面要从经检验合格的正规饲料厂家购买饲料，以保证原料和饲料本身没有被 ASFV 污染；另一方面，要在猪场内部采用逐级饲料中转塔这个重要的生物安全设施，以大大降低饲料运输过程中传播 ASFV 的风险。

饲料中转塔集中建在猪场第一道围墙内侧，料车经过洗消后，进到猪场围墙外侧打料车停靠处，直接将饲料打入饲料中转塔中。然后，再将饲料按配比需要打入到猪场生产区内各类猪舍的料塔中（图 2-19）。

饲料中转塔的设计与布局有以下几点要求：一是密闭性良好，饲料中转塔及传输管路应密闭，防止饲料变质，防止鼠、鸟、虫、蚁为害；二是保证饲料中转塔及传输管路的建造材料无毒、无污染、耐高温、耐腐蚀、内壁光滑、卸料无残留，材料透光或有透明窗设计，便于观察饲料中转塔内的饲料储量；三是饲料中转塔的容量要适中，既要保证饲料在进场后先储存

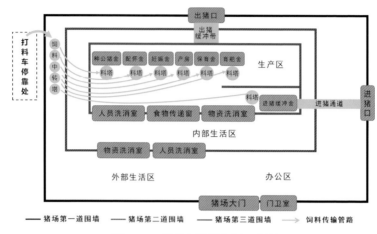

图 2-19　饲料中转塔布局示意图

一段时间再使用，又要保证饲料能够在其保质期内发生霉变之前使用完毕；四是饲料中转塔顶上应加顶，防止高温暴晒。

3. 食物传递窗

生产区的生物安全措施是猪场的重中之重，为减少食物原材料传递病毒的生物安全风险，生产区不设置厨房。一日三餐在猪场内部生活区的厨房烹煮好之后，通过设置于猪场生产区围墙上的食物传递窗，传递给生产区人员，生产区人员在食堂用餐后，再将餐具和残余食物通过食物传递窗传递回内部生活区。所以，食物传递窗是保证猪场生产区生物安全的重要设施之一。

食物传递窗由以下几部分组成：箱体、高温消毒设施、双开门（图 2-20）。

食物传递窗有以下几点要求：一是内部材料表面平整光洁，转角为圆角设计，便于清理消毒；二是双门互为连锁，不能同时打开，设有电子或机械连锁装置，有效阻止交叉污染；

图 2-20 食物传递窗

（此图引自 https://www.sohu.com/a/231100244_100137239）

三是定时高温消毒，有定时定温消毒程序，并且与开门装置相关联，不进行完有效的消毒程序不开门。

（五）猪只洗消设施

1. 进猪台

对养育肥猪为主的猪场而言，全进全出或者套养都可以，但全进全出是生物安全级别比较高的饲养方式，建议有条件的育肥猪场采取全进全出的饲养方式。无论哪种方式，都建议猪场在引进保育猪时，通过使用进猪台来保证进猪环节的生物安全。

进猪台包括：进猪口、进猪通道、进猪缓冲舍。进猪口位于猪场最外层围墙上；进猪通道是一条一端固定，另一端可以升降、伸缩的液压通道；进猪通道的固定端固定在进猪缓冲舍上，可升降、伸缩的一端正对进猪口（图 2-21，图 2-22）。

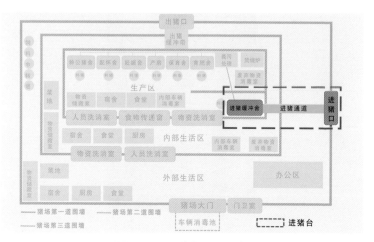

图 2-21　进猪台位置示意

图 2-22　进猪通道

（此图引自 http://js.zhue.com.cn/a/202007/28-357192.html）

2. 隔离场

对种猪场或者自繁自养场而言，外部引种是生物安全的一个重要风险点之一，隔离场是猪场外部引种的重要生物安全设施。建隔离场的目的是将新进种猪饲养在距生产区较远的地方饲养一段时间，进行隔离和驯化。隔离是监测新进种猪的健康情况，避免将外来病原带入生产区；驯化是让新进种猪逐步适应本场的微生物环境。

隔离场要求建在本场生产区的下风向，距离生产区至少500米的地方。隔离场要配备单独的工作人员，隔离场的人员、设备、厨房、宿舍等不能与生产区混用。隔离场内可建几栋隔离舍，每栋隔离舍采取全进全出制；为防止新进种猪隔离和驯化的时间比较长，建议隔离场内建立独立的妊娠饲养区（图2-23）。

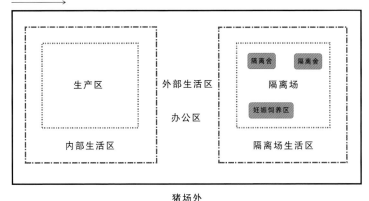

图2-23 隔离场布局示意

3. 出猪台

出猪台是生产区内的猪出栏的唯一出口。现有猪场大多数建有出猪台，但当时建设出猪台的考虑只是为了转运猪只方便，没有完全兼顾生物安全的要求，建议对照生物安全出猪台的要求进行改造或者重建。

出猪台包括出猪缓冲带和出猪口。出猪缓冲带的一端连接猪场生产区围墙，另一端连接出猪口；出猪口位于猪场最外层围墙上（图2-24）。

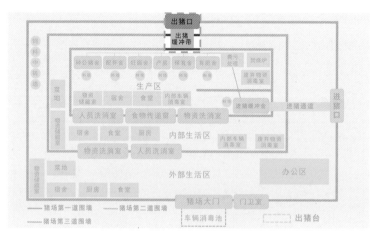

图2-24　出猪台位置示意

　　出猪缓冲带位于猪场第一道围墙（猪场外围墙）与猪场第三道围墙（生产区围墙）之间。根据生物安全洁净程度划分为净区、灰区、脏区。与猪场生产区围墙上的入猪口相连的是净区走道，与净区相连的区域是灰区，与猪场外围墙上的出猪口相连的走道是脏区。生产区的人员可以进入净区赶猪，但不能跨越净区与灰区之间的分界门；在灰区地面安装称重装置，以便称量进入灰区的猪只重量；灰区内的地面，从入猪口到出猪口的方向呈1°～5°向下坡度，防止洗消时的废水逆流回净区；安排一名轮到休假的生产区工作人员A从净区进入灰区，停留在灰区赶猪，赶猪完毕后，不得再返回净区，只能从脏区出猪口离开猪场。安排一名轮到休假的生产区工作人员 B 从净区进入，经过灰区，停留在脏区赶猪，赶猪完毕后，不得返回灰区和净区，只能从脏区出猪口离开猪场；脏区走道的地面，从内向外呈 1°～5° 的坡度，防止洗消时的废水逆流回灰区。在出猪缓冲带的净区、灰区、脏区分别安装摄像头，以便客户观察猪只状态及重量，猪场管理人员监督出猪流程（图 2-25）。

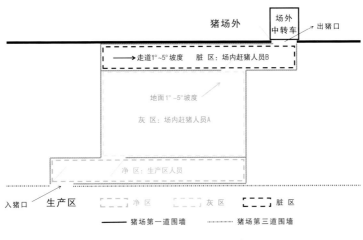

图 2-25　出猪台结构示意

出猪口位于猪场外围墙上，出猪口直接连接场外中转车辆。出猪口与猪场生产区围墙上的入猪口需要错开位置建设，不能直对，避免穿堂风将带有病毒的气溶胶或者灰尘吹入猪场生产区。

需要注意的是：

（1）在净区停留的猪只，尚可返回生产区；但猪只一旦进入灰区，就不能再返回到净区进入猪场生产区，只能从脏区的出猪口直接离开猪场。

（2）净区、灰区、脏区的赶猪人员，只能在各自的领域赶猪，严禁有交叉流动或接触行为。生产区人员一旦与灰区有任何形式的接触，必须从出猪口离开猪场，重新经过人员淋浴、隔离的过程，才能回到生产区。

（3）场外中转车辆的司机严禁通过出猪口进入脏区赶猪，只能停留在出猪口以外的区域。

（4）出猪台每次使用后，都要进行彻底的高压冲洗、消毒、干燥，经检验合格后方可下次使用。洗消时要保证污水只能从净区流向灰区，从灰区流向脏区，严禁污水逆流入猪场生产区。

4. 中转站

（1）出猪中转站。之前建设的猪场多数建有出猪台，但很少建有出猪中转站。出猪口直接与猪场围墙连接，来猪场买猪的车辆、屠宰场的装猪车辆都要在出猪台的位置停留，大大增加了外来车辆将病原微生物带进猪场的风险。出猪中转站建在距离猪场 1～3 千米的地方，猪场用自己的中转车辆将猪运到出猪中转站，通过中转车辆将猪转运到买猪的车辆上，可以大大减少外来车辆接触到猪场的机会。从生物安全的角度出发，出猪中转站能够显著降低猪场出猪环节的生物安全风险，且建设成本并不高。所以，建议猪场增加一个重要的生物安全设施——出猪中转站（图 2-26 至图 2-29）。

出猪中转站由以下三部分组成：中转车停靠点、转猪台、外部车辆停靠点。

中转车是猪场自己的车辆，在猪场外墙的出猪口处装上预售的猪只，行驶到出猪中转站，停靠在出猪中转站的净区，车厢与转猪台的净区端相连。

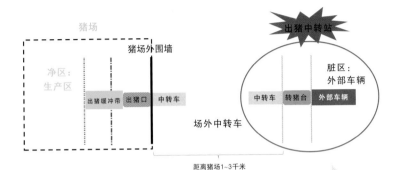

图 2–26　出猪中转站布局示意

图 2–27　移动式升降转猪台

（此图引自 http://www.chn-m.com/ product_view_33_160.html）

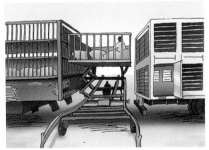

图 2–28　通过转猪台出售猪只

（来自硕腾公司）

图 2-29　有建筑实体的出猪中转站
（来自硕腾公司）

转猪台是连接中转车与外部车辆的装置，转猪台可以是实体猪台加升降猪台组合而成，也可以仅有移动式升降猪台。移动式升降猪台应有轮子，便于移动；有固定脚，便于转猪时位置固定；可以升降，便于调整台面高度与车厢高度保持一致，便于猪只转移。转猪台的左右两侧均设有出口，一侧为净区端出口，对接猪场自己的中转车；另一侧为脏区端出口，对接外部车辆。转猪台的两侧均设有隔离栅栏，以便将中转车与外部车辆的人员、车辆、物品、行驶道路彻底分隔开。转猪台有一定的面积，可以容纳一定数量的猪只和赶猪的工作人员。

外部车辆是前来买猪的客户车辆，行驶到出猪中转站，停靠在出猪中转站的脏区，车厢与转猪台的脏区端相连。

注意：猪群由净区向脏区流动，人员不能交叉，中转车与外部车辆的行驶路线不能交叉。

在出猪中转站两端的车辆入口处设立车辆消毒池。外部车辆需要先经过车辆一级洗消点、二级洗消点洗消的车辆和人员洗消，才能进入出猪中转站。

出猪中转站的建设要考虑到水、电、地面硬化、污水处理等，便于清扫和消毒，并严格做好脏区和净区的划分。出猪中转站的建设规模可依据猪场实际情况而定。

（2）物资中转站。物资中转站建在距猪场 1～3 千米的地方，物资中转站的作用与出猪中转站类似，目的也是为了将外来车辆、物资拦截在距猪场 1～3 千米之外，减少外来车辆、物资将 ASFV 带入猪场的风险。从生物安全的角度讲，物资中转站能够大大降低物资运输环节的生物安全风险，且建设成本并不高。所以，建议猪场增加一个重要的生物安全设施——物资中转站。

物资中转站由以下几部分组成：物资中转站围墙、物资中转站大门、外部车辆停靠点、物资洗消室、物资仓库、物资中转车停靠点、人员洗消室（图 2–30）。

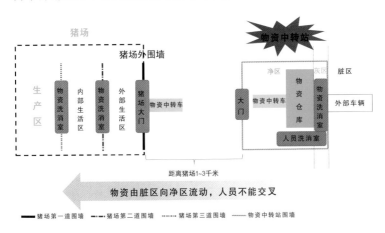

图 2–30　物资中转站布局示意

物资中转站的围墙同猪场围墙的生物安全建设要求一样，要实体围墙，墙体无孔洞，墙脚有防鼠沟及防鼠带，防止鼠类进入。物资中转站的大门与猪场大门的生物安全建设要求一样，要求实体大门，平时关闭，大门处设有车辆消毒池。物资中转站外来车辆停靠点也要设置车辆消毒池。物资中转站的物资洗消室、人员洗消室的设置与猪场的物资洗消室、人员洗消室的设置相同。

物资中转车是猪场自己的车辆。洗消后的物资中转车在物资中转站装上已经消毒好的物资，行驶到猪场，通过场边消毒通道后，靠近物资物资卸载处。卸载的物资根据猪场的需要，经过相应的生物安全处理后，进入猪场的各区域使用。

外部车辆是外来运送物资的车辆或者猪场自己负责外部采购的车辆。外部车辆停靠在物资中转站围墙外的物资消毒室的入口处，将外来物资卸入物资消毒室洗消。

注意：

（1）物资中转站有明显的脏区、灰区、净区的划分。外来车辆停靠的区域是脏区，物资洗消室是灰区，物资仓库以及物资中转站内的其他区域均为净区。物资只能从脏区向净区流动，不可逆流。

（2）物资洗消室对接外部车辆的门口处，需要有台阶设计。外部车辆停靠在台阶下端，物资直接卸载到台阶上，避免物资与外部路面接触。

（3）外来车辆驾驶员只能在车厢内或者脏区活动，不可迈上物资洗消室门口的台阶，更不能进入物资洗消室。

（4）猪场工作人员站在物资洗消室门口的台阶上接过物

资，不可下台阶进入脏区，更不可进入外来车辆车厢内部，避免与外来车辆及驾驶员接触。卸货完毕，猪场工作人员进入人员洗消室洗澡、更衣、换鞋、鞋底消毒后，进入净区。

（5）外来车辆与物资中转车的行驶路线不能交叉。

（6）物资中转站的建设要考虑到水、电、硬化地面、污水处理等，便于清扫和消毒。物资中转站的建设规模可依据猪场实际需求而定。

5. 猪舍连接

之前建设的猪场，生产区的不同猪舍之间一般建有硬化路面，或者猪舍之间建有赶猪道、顶棚、防鸟网，但少有实体建筑连接。

在 ASF 疫情下，猪舍与猪舍之间的连接（如配怀舍与产房之间、产房与保育舍之间、保育舍与肥育舍之间）应该考虑成猪舍的一部分，设置有效的物理隔离（如封闭的通道）将猪场生产区内部进行有效分区，降低病原在猪场内的传播风险（图 2-31）。

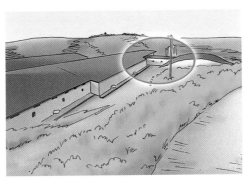

图 2-31　猪舍与猪舍之间的连接
（来自硕腾公司）

6. 猪栏连接

之前建设的猪场，猪栏与猪栏之间多使用栅栏，这样有利于纵向通风。但是，栅栏不能有效将病毒在栏与栏之间隔离，建议猪栏与猪栏之间改成实体隔板。同样的道理，料槽与水槽，不能使用通槽，建议改成每个猪栏设置单独的料槽、水槽（水碗）或者饮水系统（图2-32）。

图 2-32　猪栏与猪栏之间使用实体隔板
（此图引自 http://shop.99114.com/47811021/pd80348530.html）

（六）弱猪、异常猪、病死猪处理设施

随时观察猪只健康情况，发现异常及时处理。如果怀疑或已确诊得了传染病的病猪，会对其他健康猪构成威胁，没有继续饲养价值的，应直接作为病死猪处理掉；如果得了非传染病的病猪，有治疗价值的，转移到同舍内的异常猪隔离圈治疗及饲养；如果只是生存能力较弱的猪，转移到同舍内的弱猪护理圈单独护理。

不建议猪场在生产区设立病猪隔离舍，因为病猪隔离舍就像一个病毒库，稍有不慎便会危及全场，得不偿失。

1. 弱猪护理圈

弱猪不是生病的猪，是指在整个猪群中，活力相对较弱、竞争力相对较差的猪。这部分猪如果与其他猪混养，容易抢不上食，导致营养不良、发育异常等。建议每栋猪舍在环境较好的区域（如上风区或者中部），设立单独的弱猪护理圈，把这部分弱猪与其他强势猪群隔离开，单独一个圈饲养，给予更多的人为护理，以减少经济损失。

弱猪护理圈两侧的猪栏连接最好采用实体隔板，或者在弱猪护理圈两侧留有空栏，进行物理隔离，使得弱猪护理圈的周围环境相对单一。弱猪护理圈里的饲养密度可以比其他正常圈稍微小一些，以利于弱猪生长。

2. 异常猪隔离圈

异常猪是指确定生病，但得的不是传染病，只是个别少量的猪发病，有治疗价值的猪。建议每栋猪舍在下风口（负压风机的近端或者正压风机的远端）或者在靠近脏区的一端设立异常猪隔离圈。在异常猪隔离圈中经过治疗康复的猪只，由于仍存在遇应激或其他因素刺激后再次发病和排毒的风险，所以不建议转回原来的圈舍或者普通的肥育圈混群，建议康复后一直相对独立饲养，直至出栏。

3. 病死猪处理设施

对于异常死亡，或者确定患有传染病（如 ASF），威胁到其他健康猪的猪只，应立即按照病死猪处理方法进行无害化处理。为了保障大环境的安全，建议各猪场在本场病死动物无害化处理设施内及时妥善处理。病死动物包裹后由专人专车、专用道路运送，沿途不得撒漏。必要时，将病死动物运送至无害化处理设施后，应对无害化处理设施周围、人员、车辆、沿途道路等清洗消毒。运送人员应穿着防护服。如需使用外来车辆将病死动物运送至无害化处理场，则应将病死猪转运到无害化集中处理场应严格执行属地病死猪及病害猪产品无害化处理的管理规定。病死猪集中无害化处理需要高度重视收集、转运以及现场勘验、定损过程中的生物安全风险控制，防止成为病原集散地。大型养殖企业应建立专用的无害化处理移交点，将病死动物包裹后由专人专车、专用道路运送至场外固定的移交（收集）点，但不能与外来无害化处理车辆和人员接触。该车辆返回前，车辆和沿途道路应彻底清洗消毒，转运人员在完成一次转运后亦应严格清洗消毒。外来车辆拉走病死动物后，应对该区域严格清洗消毒。消毒可喷洒 2% 氢氧化钠溶液。不能及时收集时，可将病死猪暂存于冷冻柜中。

有条件的猪场，可建立自己的病死猪无害化处理中心。常用的无害化处理方式有焚烧法、高温生物发酵法和深埋法。

（1）焚烧法。

① 直接焚烧法：

A. 技术工艺　可视情况对病死及病害动物和相关动物产品进行破碎等预处理。

将病死及病害动物和相关动物产品或破碎产物，投至焚烧炉本体燃烧室，经充分氧化、热解，产生的高温烟气进入二次燃烧室继续燃烧，产生的炉渣经出渣机排出。

燃烧室温度应 ≥ 850℃。燃烧所产生的烟气从最后的助燃空气喷射口或燃烧器出口到换热面或烟道冷风引射口之间的停留时间应≥2秒。焚烧炉出口烟气中氧含量应为6%～10%（干气）。

二次燃烧室出口烟气经余热利用系统、烟气净化系统处理，达到《大气污染物综合排放标准》（GB 16297—1996）要求后排放。

焚烧炉渣与除尘设备收集的焚烧飞灰应分别收集、贮存和运输。焚烧炉渣按一般固体废物处理或作资源化利用；焚烧飞灰和其他尾气净化装置收集的固体废物需按《危险废物鉴别标准浸出物毒性鉴别》（GB 5085.3—2007）要求作危险废物鉴定，如属于危险废物，则按《危险废物焚烧污染控制标准》（GB 18484—2001）和《危险废物贮存污染控制标准》（GB 18597—2001）要求处理。

B. 操作注意事项　严格控制焚烧进料频率和重量，使病死及病害动物和相关动物产品能够充分与空气接触，保证完全燃烧。

燃烧室内应保持负压状态，避免焚烧过程中发生烟气泄露。

二次燃烧室顶部设紧急排放烟囱，应急时开启。

烟气净化系统包括急冷塔、引风机等设施。

② 炭化焚烧法：

A. 技术工艺　病死及病害动物和相关动物产品投至热解炭化室，在无氧情况下经充分热解，产生的热解烟气进入二次燃烧室继续燃烧，产生的固体炭化物残渣经热解炭化室排出。

热解温度应≥600℃，二次燃烧室温度≥850℃，焚烧后烟气在850℃以上停留时间≥2秒。

烟气经过热解炭化室热能回收后，降至600℃左右，经烟气净化系统处理，达到《大气污染物综合排放标准》（GB 16297—1996）要求后排放。

B. 操作注意事项　应检查热解炭化系统炉门的密封性，以保证热解炭化室的隔氧状态。

应定期检查和清理热解气输出管道，以免发生阻塞。

热解炭化室顶部需设置与大气相连的防爆口，热解炭化室内压力过大时可自动开启泄压。

应根据处理物种类、体积等严格控制热解的温度、升温速度及物料在热解炭化室里的停留时间。

（2）高温生物发酵法。高温生物发酵法采用高温生物降解技术处理病死猪，将病死猪携带的病原杀死，将尸体转化成有机肥组份。高温生物发酵法的优点是：处理过程无废水、废油、废气排放，对环境影响小；处理工艺简单，用水量少，动物油脂混合在处理物中；通过在物料中添加生物降解菌种及辅料进行发酵降解，处理后的产物可以作为有机肥组分；整个处理的过程自动控制，不产生二次污染。猪场可根据自身规模购置适宜规格的专用高温生物发酵设备。

高温生物发酵法的操作过程是：将病死猪添加到可密闭的料槽内，动刀转动，在动刀和定刀的共同作用下，将病死猪进行切割、粉碎。在切割粉碎的过程中，由加热管加热导热油（设定油温 150℃），对病死猪进行高温灭菌，同时添加生物降解菌种和辅料（粗糠粉或植物秸秆）发酵降解。通过分切、绞碎、发酵、杀菌、干燥五道工序，进行全自动化的处理，及时高效分解病死猪和相关动物产品，处理后的产物为较为干燥疏松的有机肥组份。对有机肥组份进行二次发酵，有效分解油脂和蛋白质。

高温生物发酵法的处理过程环保。整个处理过程无烟、无臭、无废水、无废油，实现病死猪和相关动物产品的无害化处理与资源化利用。

（3）深埋法。深埋法是指按照相关规定，将病死及病害动物和相关动物产品投入深埋坑中并覆盖、消毒，以处理病死及病害动物和相关动物产品的方法。

具体操作如下。

① 选址要求：应选择地势高燥，处于下风向的地点；应远离学校、公共场所、居民住宅区、村庄、动物饲养和屠宰场所、饮用水源地、河流等地区。

② 技术要求：深埋坑体容积以实际处理猪尸体及相关动物产品数量确定。

深埋坑底应高出地下水位 1.5 米以上，要防渗、防漏。

坑底洒一层厚度为 2 ～ 5 厘米的生石灰或漂白粉等消毒药。

将动物尸体及相关动物产品投入坑内，最上层距离地表 1.5 米以上。

在坑内动物尸体及相关动物产品上铺撒氯制剂（如漂白粉）或生石灰等消毒药消毒。

覆盖厚度不少于 1 ～ 1.2 米的覆土，覆土表面低于地表 20 ～ 30 厘米。注意：覆土不要压实，以免随着动物尸体的腐败和产气，造成覆土鼓胀、冒气泡、爆炸、突出地表及液体流出。

深埋后，在深埋处设置警示标识，拉警戒线。

深埋后，立即用氯制剂（如漂白粉）或生石灰等消毒药对深埋场所、周边以及转运道路进行一次彻底消毒；参与转运的人员、物资、车辆，按照各自的消毒方式彻底消毒；深埋过程中产生的污水用二氯异氰尿酸钠（如威特 40% 二氯异氰尿酸钠粉 1∶1 000 倍稀释液）进行消毒处理；动物排泄物、被污染的饲料、垫料可以焚烧或随动物尸体一起深埋。

深埋后，第一周内应每日对深埋场所消毒 1 次，第二周起应每周消毒 1 次，连续消毒 3 周以上。

深埋后，第一周内应每日巡查 1 次，第二周起应每周巡查 1 次，连续巡查 3 个月。深埋坑塌陷处应及时加盖覆土，保持覆土表面始终低于地表 20 ～ 30 厘米。

（七）粪污处理设施

粪污处理的方式有多种，建议养猪场采用干湿分离的方式，对固体粪便、液态粪水分别进行无害化处理。固体粪便宜采用好氧堆肥技术进行无害化处理，首先使用机械清粪机收集干粪，然后将干粪送到异位发酵床处理成有机肥再次利用。液态粪水宜采用厌氧发酵进行无害化处理，规模猪场可通过建设沼气工程或厌氧发酵池密闭贮存处理，对于非规模养殖户使用蓄粪池和田头调节池贮存尿液实现无害化处理。具体方法可参照《江苏省农业农村厅关于印发畜禽粪污资源化利用相关技术规范的通知》（苏农牧〔2019〕40 号）执行。

1. 机械清粪机

机械清粪是清理固体粪便的方式之一。利用专用的机械设备替代人工清理出猪舍漏粪板下面的固体粪便，将收集的固体粪便运输至异位发酵床；残余粪尿可用少量水冲洗，污水及液态粪水通过粪沟排入到舍外的液态粪水储存或处理设备中（图 2-33）。

图 2-33　粪尿分离式刮粪板机械清粪工艺

（此图引自 http://czxlxm.com/product_view.php?id=298）

机械清粪的优点是快速便捷、节省劳动力、提高工作效率；相对于人工清粪而言，不会造成舍内走道粪便污染。缺点是一次性投资较大，还要花费一定的运行和维护费用；工作部件沾满粪便，维修困难；清粪机工作时噪声较大，不利于猪生长。此外，国内生产的清粪设备在使用可靠性方面还有些欠缺，故障发生率较高。

尽管清粪设备在目前使用过程中仍存在一定的问题，但是随着养猪业机械工程技术的进步，清粪设备的性能将会不断完善，机械清粪也是现代规模化养殖发展的必然趋势。

注意：在运输固体粪便的过程中，要使用封闭、不漏水的车辆，净路与脏路不交叉，避免污染场区；每次运输固体粪便后，要及时对运输中使用的车辆、工具、道路和人员进行彻底洗消。

2. 异位发酵床

异位发酵床用于对猪场固体粪便进行无害化处理。异位发酵床是在猪场生产区内、猪舍外的地方建一个发酵床，按照发酵床的标准铺入垫料，接上菌种，然后将猪舍内清理出的固体粪便送到发酵床上，通过翻耙机进行翻动，发酵后达到将猪场固体粪便进行无害化处理的目的（图2-34）。

图2-34 异位发酵床

（此图引自 https://www.pig66.com/article/201804/03/51361.html）

异位发酵床的位置安排在生产区内采光好、通风好、地势高的地方。采光好有利于固体粪便发酵，通风好有利于减少异味，地势高可避免雨水流入，使发酵床保持在一定的干湿度范围内。

异位发酵床在建设及使用中要注意：一是猪舍要配合漏粪地板使用，进行干湿分离，将固体粪便运进异位发酵床；二是发酵菌种尽量做到自我繁殖，以减少成本；三是异位发酵床上面要有遮雨棚，避免雨水进入，以保证合理的发酵湿度。

注意：要定期对异位发酵床的垫料及其发酵产物进行检测，以保证能够达到堆肥无害化处理要求，且能够将固体粪便中的病原微生物彻底清除；转运发酵床垫料及产物时，需要用本场的车辆运到场外一定距离后再交接给外场车辆，并彻底洗消后再回场，不要让外场车辆、人员进场或靠近猪场。

3. 液态粪水无害化处理

规模猪场可通过建设沼气工程或厌氧发酵池密闭贮存处理液态粪水，常温发酵处理夏季发酵时间要达到 15 天以上，冬季发酵时间要达到 30 天以上。对于非规模养殖户使用蓄粪池和田头调节池贮存畜禽粪污实现无害化处理的，贮存时间要达到 60 天以上。注意：要定期对处理后的沼液及液态有机肥进行检测，以保证能够达到液态粪水无害化处理要求，且能够将液态粪水中的病原微生物彻底清除；转运液态有机肥时，需要用本场车辆运到场外一定距离后再交接给外场车辆，并彻底洗消后再回场，不要让外场车辆、人员进场或靠近猪场。

（八）防鸟、鼠、蚊、蝇设施

鸟类、鼠类的爪子及粪便中容易带有 ASFV，蚊、蝇、节肢动物（蚤、虱子、螨、蜱）也会携带 ASFV 并通过叮咬传播病毒。因此，猪场对于鸟类、鼠类、蚊、蝇、节肢动物的防控也是必须的。

1. 防鸟网

在所有能接触到猪只的猪场开放部位，都要增设防鸟或防蚊、蝇网。例如，猪舍门窗、转移猪只的通道等。如有散落在外的饲料，要及时清理干净，避免吸引鸟类来食；水源和饲料不要露天存放，避免被鸟类、蚊、蝇污染。猪场也可以播放一种类似哨子的声音或者播放驱鸟音乐，以驱逐鸟类，减少鸟类对疾病的传播。

防鸟网是一种网状织物，材料最好能够具有拉力强度大、抗热、耐水、耐腐蚀、耐老化、无毒无味、废弃物易处理等特点。

2. 防鼠设施

（1）防鼠带。猪场外围墙周边需要铺设石子防鼠带。防鼠带是一条用小滑石或碎石子（直径小于 19 毫米）铺成的防护带，宽度为 25 ～ 30 厘米，厚度为 15 ～ 20 厘米。防鼠带可以保护墙脚裸露的土壤不被鼠类打洞营巢，同时便于检查鼠情，放置毒饵和捕鼠器等。因为小碎石小而不规则，成不了洞，且在老鼠爬行时会刮痛肚皮，所以老鼠自然而然就不会往这里走。

（2）防鼠网。对不能堵塞的孔洞，特别是暴露在地表的粪沟、表层水道、库房和厨房的窗户、排气扇、通气孔、排水孔等重要部位，都要安装防鼠网，防止鼠类从这些地方进入。粪沟和水道的出口处横截面也要安装防鼠网，可安装活动的装有防鼠网的挡板。所有的管道和电缆通过墙壁的地方都要用水泥抹平缝隙。

防鼠网一般由镀锌钢丝编织而成，钢丝的直径不应小于 1 毫米，网眼为 40 目（网眼孔径小于 6 毫米），编织牢固，硬度强，不易被老鼠咬坏，网面平整，表面镀锌防锈处理，耐腐蚀，防生锈。

（3）捕鼠灭鼠。除防鼠网外，还需要及时清理杂草、粪料残留、垃圾等，搞好猪场内外的环境卫生，减少鼠类生存空间。对于已存在老鼠的猪场应采取以下措施：一是使用鼠夹、粘胶板等器械捕鼠；二是通过化学药物灭鼠，应选用比较安全、慢性、低毒的药物（如敌鼠钠、杀鼠醚、杀鼠灵等），严禁使用剧毒药物灭鼠，鼠药应投放于老鼠比较集中、隐蔽的地方，防止猪只误食，确保人畜安全，灭鼠后要及时清理死老鼠、剩余毒饵料，并进行无害化处理；三是建立完善的灭鼠制度，根据实际情况有效灭鼠。建议有条件的猪场可请专业的灭鼠人员指导猪场定期灭鼠，以减少饲料的浪费和疾病的传播。

3. 防蚊、蝇设施

对于蚊、蝇，最有效的方法是控制猪场及周围的环境卫生，保持环境清洁干燥。具体做法：

（1）每天将产出的粪便及时收集处理。

（2）搞好猪舍内环境卫生，撒落饲料及时清理。

（3）及时清除猪场周边和猪场里面的杂草和积水，集中处理污物。

消灭蚊、蝇的办法：

（1）在门窗上钉纱窗，有效阻挡蚊、蝇的进入。

（2）用灭蝇药物涂在纸板上吊在猪舍里，对苍蝇的毒杀作用也很明显。

（3）在猪舍内多处使用灭蚊灯灭蚊或使用畜牧专用蚊香驱蚊。

（4）在蚊子产卵繁殖的场所投放杀虫药。

第三章

猪场常用消毒剂的选择与使用

一、猪场常用消毒剂

消毒剂作为猪场生物安全体系的重要一环，既可以杀灭病原，又可以有效切断传播途径，是疫病防控重要的手段。合理选择消毒剂以及合理使用消毒剂直接关系到消毒效果。目前市场上常用消毒剂种类繁多，不合理的使用将会对环境、人员以及猪只的安全和消毒效果产生负面影响。

（一）碱类消毒剂

1. 氢氧化钠（烧碱）

氢氧化钠又称苛性钠、烧碱或火碱，为强消毒剂，常以2% ～ 3%的溶液喷洒消毒，主要用于猪场入口处、运输车辆、猪舍、仓库、工作间、墙壁、病死猪无害化处理区等的消毒。

优点：氢氧化钠是一种强碱，能水解病原菌的蛋白质和核酸，杀菌作用强大，并能杀灭病毒。

缺点：

① 强碱，会灼烧猪，因此只能用于空舍消毒。

② 对金属器械、纺织品有腐蚀性，因而不能用于这些物

品的消毒。

③ 易吸潮，导致结块、失效；

④可能对环境造成污染。

注意事项：

① 氢氧化钠溶液的杀菌力常随浓度和温度的增加而加强，所以用热溶液消毒效果好。

② 在氢氧化钠溶液中加入少量的氯化钠（食盐），能提高杀菌效果。

③ 消毒时应注意消毒人员的防护。

④ 在用氢氧化钠溶液对空栏猪舍、产床、定位栏和用具消毒 1 ～ 2 小时后，需用清水冲洗，以免烧伤猪蹄部或皮肤。

2. 生石灰

生石灰的主要成分为氧化钙，为白色或灰白色块状或粉末，易吸水，遇水生成氢氧化钙起到消毒作用。临床使用时，用水配制成 10% ～ 20% 石灰乳喷洒，可对路面、墙壁、猪栏、粪池进行消毒。

优点：

① 价格低廉。

② 无刺激性气味。

③可作干燥剂使用。

缺点：

① 消毒效果较差。

② 石灰乳稳定性差，极易与空气中的二氧化碳以及土壤中碳酸根形成碳酸钙而失去消毒效果。

③ 不易保存，目前生石灰鉴于价格成本，包装袋质量较

差，使生石灰易吸潮并转化为碳酸钙而失去消毒效果。

④ 对环境影响较大，使土壤、水源碱化。

⑤ 腐蚀性较强，石灰乳为强碱性，对金属、橡胶制品腐蚀性较强，可加速养殖场设备、车辆轮胎的老化。

⑥ 易扬尘，对鼻腔黏膜造成损伤。

⑦ 易腐蚀猪蹄部。

注意事项：

① 临床使用时不可直接将生石灰洒在干燥路面、墙壁上，需事先将路面、墙壁浸湿后再使用生石灰或将生石灰配制成 10% ～ 20% 的石灰乳。

② 不可用于金属栏具、设备的消毒，慎用于车辆轮胎消毒。

③ 用于消毒池消毒时应经常更换。

④ 购买后需尽快用完。

（二）含氯消毒剂

含氯消毒剂是指溶于水后能产生次氯酸（有效氯）的一类消毒剂，为高效消毒剂，主要包括次氯酸消毒水、二氯异氰脲酸钠（优氯净，含有效氯 60% ～ 64%）、三氯异氰脲酸钠（含有效氯 90%）、漂白粉（含有效氯 25% ～ 30%）、次氯酸钠（如 84 消毒液，含有效氯 5.5% ～ 6.5%）等。临床上多配制成含有效氯 200 ～ 400 毫克 / 升的水溶液进行环境消毒。

优点：

① 价格低廉。

② 使用方便。

③ 为高效消毒剂，对病原杀灭效果较好。

④ 消毒起效迅速。

⑤ 对水质有调节作用，可减少水体中的氨氮等。

缺点：

① 稳定性差，水溶液有效氯含量降解较快。

② 具有刺激性气味，对猪只、人员刺激性较大（次氯酸消毒水无刺激性）。

③ 有一定的腐蚀性，对金属、布料等腐蚀性较大（次氯酸消毒水除外）；

④ 抗有机物能力差，在有粪便、尿液存在时，消毒效果降低。

注意事项：

① 多用于路面、墙壁、粪沟等环境消毒，慎用于金属设备消毒。

② 不建议用于带猪消毒以及人员消毒，不可用于衣服、布料消毒。

③ 氯制剂的作用效果与有效氯的含量成正比，因此使用时一定要按制剂有效氯含量计算进行稀释。

(三) 含碘消毒剂

含碘消毒剂包括碘以及以碘为主要杀菌成分的一类消毒剂，包括碘酊（碘酒）、碘伏（聚维酮碘溶液）、复合碘溶液、碘酸混合溶液。临床上多配置成有效碘含量为 10～20 毫克/升水溶液进行环境消毒、消毒池消毒，或用 2 毫克/升水溶液进行饮水消毒。

优点：

① 喷洒后消毒效果维持时间长。

② 毒性较低，无刺激性气味。

③ 杀菌谱较广。

缺点：

① 为中效消毒剂，对细菌芽孢效果较差。

② 消毒效果起效较慢，不适合快速消毒。

③ 对金属腐蚀性较大，不适合用于金属设备浸泡消毒。

④ 对黏膜有刺激性。

⑤ 稳定性较差，不易存储。

⑥ 抗有机物能力差，在有粪便、尿液存在的情况下，消毒效果降低。

⑦ 低温下消毒效果较差。

注意事项：

① 阴凉处避光、密封保存。

② 不可用于金属制品消毒。

③ 若环境中有粪便、尿液，需加大消毒剂使用量和延长消毒时间。

④ 不适于寒冷季节使用。

⑤ 消毒液浓度不可过高，高含量碘溶液反而消毒效果降低。

（四）季铵盐类消毒剂

季铵盐类消毒剂是由叔胺和烷化剂反应而成的阳离子表面活性剂的总称，包括苯扎溴铵、癸甲溴铵等消毒剂，为低效消毒剂。临床上多将 10% 的季铵盐溶液进行 1:（500 ～ 1 000）倍稀释进行环境消毒、器具消毒，或按 1:4 000 的比例进行饮水消毒。

优点：

① 无刺激性气味。

② 毒性较低。

③ 水溶性好，表面活性强，使用方便。

④ 腐蚀性较小。

⑤ 性质稳定，耐光，耐热，耐贮存。

缺点：

① 为低效消毒剂，对部分病原尤其是无囊膜病毒杀灭效果较差。

② 易受有机物、温度、pH 值、水质的影响。

③ 配伍禁忌较多。

注意事项：

① 安全性较高，可以用于体表、饮水和带猪消毒。

② 为低效消毒剂，对革兰氏阴性菌、无囊膜病毒效果较差。

③ 禁与盐类、肥皂以及阴离子物质联合使用。

④ 避免使用铝制容器盛装，水溶液也不能存储在聚乙烯制的瓶子内。

⑤ 水质硬度过高地区不适合使用。

⑥ 水溶液 pH 高于 13 时作用很差。

（五）醛类消毒剂

醛类消毒剂是指消毒有效成分以醛基结构发挥效果的一类消毒剂，常用的醛类消毒剂有甲醛和戊二醛，醛类消毒剂的液体和气体对病原均具有强大的杀灭作用，属高效消毒剂类。临床上多使用戊二醛含量为 200 ～ 400 毫克 / 升的水溶液进行环境、物品消毒或进行空舍熏蒸消毒，消毒效果是甲醛的 2 ～ 10 倍。

优点：

① 广谱高效消毒剂。

② 毒性较低。

③ 金属腐蚀性小，但是酸性戊二醛腐蚀性略强。

④ 抗有机物能力强。

⑤ 稳定性较好。

缺点：

① 消毒效果易受 pH 影响。

② 消毒效果发挥较缓慢。

③ 有一定的刺激性气味。

注意事项：水溶液不可偏碱，碱性条件下戊二醛聚合失去作用；慎用于带猪消毒和饮水消毒。

（六）过氧化物类消毒剂

过氧化物类消毒剂有效成分为过氧化物，具有强氧化能力，可将所有微生物杀灭。主要包括过硫酸氢钾复合盐、过氧化氢、过氧乙酸、二氧化氯。目前使用最广泛的是过硫酸氢钾复合盐产品（如卫可、威特利剑），该产品是由过硫酸氢钾、氯化钠组成的复方消毒剂，在水中经过链式反应循环产生次氯酸、新生态氧，氧化和氯化病原。临床上多进行 1 ∶（200 ～ 400）稀释进行环境、物品、人员、带猪消毒或 1 ∶（1 000 ～ 2 000）进行饮水消毒。

优点：

① 广谱高效消毒剂。

② 消毒效果发挥迅速。

③ 低温下消毒效果较好。

④ 抗有机物能力强。

⑤ 无刺激性气味。

⑥ 毒性较低。

⑦ 腐蚀性较低。

⑧ 水溶液消毒效果维持时间长。

缺点：成本相对较高。

注意事项：

① 过硫酸氢钾复合盐产品水溶液为红色，红色指示有效成分含量，但两者之间无绝对的关系。

② 不与碱性物质合并使用；作饮水消毒时浓度应低于1∶1 000，否者会影响采食。

（七）酚类消毒剂

酚类消毒剂是指芳香烃中苯环上的氢原子被羟基取代所生成的化合物消毒剂，主要包括苯酚、甲酚皂（煤酚皂液，又称来苏儿）和复合酚（又称菌疫灭、菌毒净）等。苯酚因毒性强、消毒效果差已很少使用。来苏尔因消毒效果较差，现在亦已经很少使用。复合酚是一种中效酚类消毒剂，主要用于环境、车辆、消毒池、脚踏池、用具、污染物的消毒。

优点：

① 为广谱消毒剂，可杀灭细菌、真菌和病毒，对多种寄生虫卵也有杀灭作用。

② 长效，环境中药效能维持 7 天。

缺点：

① 具有强致癌及蓄积毒性。

② 酚臭味重。

注意事项：

① 使用时的稀释水温不宜低于8℃，稀释水温度低于8℃不利于复合酚的溶解。

② 禁止与碱性药物或其他消毒剂混合使用。

（八）复方消毒剂

复方消毒剂配伍类型主要有两大类，一类是2种或2种以上消毒剂的复配，主要是发挥协同和增效作用，提高消毒剂的消毒杀菌能力；另一类是消毒剂与稳定剂、缓冲剂、增效剂的复配，主要是改善消毒剂的综合性能，如提高稳定性、减轻腐蚀性、增强杀菌效果等。

常用的复方消毒剂有碘类复方消毒剂，如百胜-30（含碘3%、非离子表面活性剂24%、磷酸+硫酸30%）、醛类季胺盐类复方消毒剂，如复方戊二醛（戊二醛癸甲溴铵溶液、戊二醛苯扎溴铵溶液）、瑞全消（主要成分为戊二醛12%、癸甲氯铵4%、非离子表面活性剂8%和硝酸0.8%）等。复方消毒剂可广泛用于猪场饮水、人员、车辆、带猪及环境消毒，其消毒效果明显优于单一成分的消毒剂。

优点：

① 毒性较低。

② 消毒作用持续时间长。

③ 消毒作用迅速。

④ 为广谱高效消毒剂，渗透能力强。

⑤ 稳定性强，受有机物以及温度影响小。

缺点：复方消毒剂的副作用与其组分有关，但较单一成分的消毒剂副作用小。

二、非生产区消毒

（一）人员消毒

1. 体表消毒

使用过硫酸氢钾复合盐、碘类复方消毒剂、季铵盐类消毒剂进行雾化或淋浴消毒。

2. 鞋底消毒

人员通道地面应做成浅池型，池中垫入有弹性的室外型塑料地毯，使用过硫酸氢钾复合盐、醛类消毒剂、醛类复方消毒剂、含氯消毒剂，每周更换2次。

3. 洗手消毒

使用过硫酸氢钾复合盐（如威特利剑1∶400倍稀释液）、10%月苄三甲氯铵溶液1∶500倍稀释液、10%聚维酮碘溶液1∶500倍稀释液。

4. 衣物消毒

对衣、帽、鞋等可能被污染的物品，可采取消毒液浸泡、高压灭菌等方式消毒，消毒液浸泡消毒使用过硫酸氢钾复合盐（如威特利剑1∶400倍稀释液）。

（二）猪场大门口消毒池

外来病原的重要控制点，使用过氢氧化钠、醛类消毒剂和含氯消毒剂，每周更换2次。

（三）车辆消毒

所有进入养殖场非生产区或生产区的车辆须严格消毒，车辆的挡泥板、底盘、轮胎等须洗净、喷透，驾驶室等必须严格消毒。

1. 车辆驾驶室消毒

车辆驾驶室可用臭氧发生器或者烟熏方式消毒，也可以在驾驶室内放置镇江威特药业有限责任公司生产的烟雾消毒机喷洒威特利剑消毒剂（1∶400倍稀释液）或者戊二醛癸甲溴铵溶液（1∶500倍稀释液）消毒，消毒时间为10～30分钟。

2. 车辆泡沫消毒

车辆泡沫消毒剂可使用戊二醛类泡沫型消毒剂（如威特醛）或者碱性泡沫清洗剂（如威特洁净）原液或稀释液喷洒。

3. 车辆喷雾消毒

车辆喷雾消毒可使用过硫酸氢钾复合盐类消毒剂（如威特利剑1∶200倍稀释液）。

（四）办公区、生活区以及外来人员隔离区环境消毒

猪场办公室、宿舍、厨房、冰箱等平时每周消毒1次；卫生间、食堂、餐厅等必须每周消毒2次。疫情爆发期间每天消毒2次。可使用过硫酸氢钾复合盐（如威特利剑1∶400倍稀释液）、10%月苄三甲氯铵溶液或10%苯扎溴铵溶液1∶500倍稀释液、10%聚维酮碘溶液1∶500倍稀释液、40%二氯异氰尿酸钠1∶1 000倍稀释液。

三、生产区消毒

人员由生产区进入养殖舍需更衣、喷雾消毒，换上专用的工作服。

（一）人员喷雾消毒

喷雾消毒室可使用过硫酸氢钾复合盐（如威特利剑1∶400倍稀释液）、10%月苄三甲氯铵溶液或10%苯扎溴铵溶液1∶

（500 ～ 1 000）倍稀释液。

（二）脚踏消毒池

人员应穿上生产区的胶鞋或其他专用鞋，通过脚踏消毒池（消毒桶）进入生产区。

可使用过硫酸氢钾复合盐（如威特利剑 1∶200 倍稀释液）、戊二醛癸甲溴铵溶液 1∶500 倍稀释液、20% 浓戊二醛溶液（如威特醛 1∶500 倍稀释液）、40% 二氯异氰尿酸钠 1∶1 000 倍稀释液，每周更换 2 次。

（三）场内道路、空地、运动场等消毒

应做好场区环境卫生工作，经常使用高压水清洗，每周用 40% 二氯异氰尿酸钠 1∶1 000 倍稀释液对场区环境进行 1 ～ 2 次消毒。

（四）进猪台、进猪缓冲舍、出猪台、异常猪隔离区、病死猪处理设施消毒

每次使用前后都必须消毒，以防止交叉感染。可使用过硫酸氢钾复合盐（如威特利剑 1∶200 倍稀释液）、戊二醛癸甲溴铵溶液 1∶500 倍稀释液、20% 浓戊二醛溶液（如威特醛 1∶500 倍稀释液）、40% 二氯异氰尿酸钠 1∶1 000 倍稀释液。

正在使用的异常猪隔离区，可以用使用过硫酸氢钾复合盐（如威特利剑 1∶400 倍稀释液）、10% 月苄三甲氯铵溶液或 10% 苯扎溴铵溶液 1∶（500 ～ 1 000）倍稀释液，每天带猪喷雾消毒 2 次。注意：冬天气温较低时，消毒剂向上喷雾，且水雾要细。

（五）产房消毒

产房环境可使用过硫酸氢钾复合盐（如威特利剑 1∶400

倍稀释液）、戊二醛癸甲溴铵溶液 1∶500 倍稀释液、10% 聚维酮碘溶液 1∶1 000 倍稀释液、10% 月苄三甲氯铵溶液或 10% 苯扎溴铵溶液 1∶（500 ～ 1 000）倍稀释液，用专用喷雾机充分喷洒在产房地面、产床、猪栏隔板、墙壁上，尤其是保温箱内，可以起到杀菌消毒、驱赶蚊蝇等作用。

母猪产前处理：可使用过硫酸氢钾复合盐（如威特利剑 1∶400 倍稀释液）、10% 月苄三甲氯铵溶液或 10% 苯扎溴铵溶液 1∶500 ～ 1 000 倍稀释液，全身抹洗后擦干。

母猪产后必须清洁消毒，特别是人工助产后，必须严格进行保护性处理，以保证母猪生殖系统健康。可使用过硫酸氢钾复合盐（如威特利剑 1∶400 倍稀释液）、10% 月苄三甲氯铵溶液或 10% 苯扎溴铵溶液 1∶（500 ～ 1 000）倍稀释液，全身抹洗后擦干。

（六）仔猪断脐及保温处理

先保温、再消毒。仔猪出生断脐后，迅速用毛巾等将胎衣简单擦拭，尤其是脐带部位。使仔猪迅速干燥，保持体温，减少体能损失，能更快、更多地吃到初乳。可将仔猪脐带在 10% 聚维酮碘溶液 1∶1 000 倍稀释液或者百胜 -30 消毒液中浸泡一下；断尾、剪牙、去势等手术创口用 10% 聚维酮碘溶液 1∶1 000 倍稀释液或百胜 -30 消毒液反复涂抹几下即可。

（七）保育室消毒

保育舍进猪的前一天，对高床、地面、保温垫板充分喷洒消毒剂，可起到杀菌消毒、驱赶蚊蝇、防止擦伤感染等作用，同时让仔猪保育室跟产房的气味一致，降低断奶仔猪对变更环境的应激，等消毒剂完全干燥后再进猪。可使用过硫酸氢钾复合盐（如威特利剑 1：400 倍稀释液）、戊二醛癸甲溴铵溶液 1：500 倍稀释液、10% 聚维酮碘溶液 1：500 倍稀释液、10% 月苄三甲氯铵溶液或 10% 苯扎溴铵溶液 1：（500 ～ 1 000）倍稀释液，每平方米表面积喷洒 100 毫升。

从仔猪转入保育室起，每 2 天喷雾 1 次消毒剂，夏天可直接对仔猪进行喷雾消毒，冬天气温较低时，消毒剂向上喷雾，且水雾要细。可使用过硫酸氢钾复合盐（如威特利剑 1：400 倍稀释液）、10% 月苄三甲氯铵溶液或 10% 苯扎溴铵溶液 1：（500 ～ 1 000）倍稀释液。

（八）后备、妊娠母猪室及公猪室消毒

后备、妊娠母猪以及公猪的生活环境必须保持卫生、干燥，并严格消毒，减少因感染而导致不孕、流产、死胎、少精、死精等的发生。将定位栏等打扫干净，定期进行喷雾消毒，可使用过硫酸氢钾复合盐（如威特利剑 1：400 倍稀释液）、10% 月苄三甲氯铵溶液或 10% 苯扎溴铵溶液 1：（500 ～ 1 000）倍稀释液。

（九）中、大猪栏舍消毒

使用专用的汽化喷雾消毒机喷雾消毒，消毒剂水滴慢慢下降时与空气粉尘充分接触，杀灭粉尘中的病原微生物。可使用过硫酸氢钾复合盐（如威特利剑 1：400 倍稀释液）、10% 月苄三甲氯铵溶液或 10% 苯扎溴铵溶液 1：（500 ～ 1 000）倍稀释液。

（十）饮用水消毒

猪饮用水应该清洁无毒，无病原菌，符合人的饮用水标准，生产中要使用干净的自来水或深井水。

饮用水与冲洗用水要分开，饮用水须消毒，冲洗水一般无

须消毒。可使用过硫酸氢钾复合盐［如威特利剑 1：(5 000 ～ 20 000) 倍稀释液］消毒饮用水，暴发急病时可加大用量至 1：(1 000 ～ 2 000) 倍稀释液，特别是发生肠道疾病（如病毒性腹泻等）。

(十一) 饲喂工具、运载工具以及其他器具的消毒

各种工具使用后及时用水枪冲洗干净，然后使用过硫酸氢钾复合盐（如威特利剑 1：200 倍稀释液）、戊二醛癸甲溴铵溶液 1：500 倍稀释液、20% 浓戊二醛溶液（如威特醛 1：500 倍稀释液）浸泡消毒。尤其是直接接触猪只的器具，如小猪周转箱（车）等，每次使用后必须及时刷洗消毒。

(十二) 空栏舍消毒

空栏舍的洗消主要包括以下几个步骤：清理、泡沫清洗、泡沫消毒、冲洗、熏蒸消毒。

1. 清理

首先对空栏舍内的污物、粪便、饲料、垫料、垃圾等进行彻底清理。

2. 泡沫清洗

使用畜禽碱性泡沫清洗剂（如威特洁净）浸泡 10 ～ 20 分钟后，用高压水枪冲洗干净，晾干。

3. 泡沫消毒

消毒剂可选用以下几种泡沫型消毒剂：20% 浓戊二醛溶液泡沫型消毒剂（如威特醛 1：100 倍稀释液）、戊二醛癸甲溴铵型泡沫消毒剂，浸泡 10 ～ 20 分钟后，用高压水枪冲洗干净，晾干。

4. 熏蒸消毒

将畜禽舍密闭，使用 20% 浓戊二醛溶液（如威特醛），每立方米使用 1 毫升原液，1∶20 倍稀释后加热熏蒸，或用威特二氯异氰尿酸钠烟熏剂熏蒸消毒。

（十三）物料消毒

进场药品、疫苗使用 20% 浓戊二醛溶液（如威特醛 1∶500 ～ 1 000 倍稀释液）浸泡，或使用 20% 浓戊二醛溶液（如威特醛），每立方米使用 1 毫升原液，1∶20 倍稀释后加热熏蒸消毒，或使用威特二氯异氰尿酸钠烟熏剂烟熏消毒，或保持 60℃ 高温灭菌 1 小时。

（十四）水线处理

定期清理水线。可使用过硫酸氢钾复合盐（如威特利剑 1∶200 倍稀释液）或液体酸化剂（如威特酸 1∶100 倍稀释液）浸泡 12 小时，然后用高压水枪冲洗干净。

四、场外消毒

包括养殖场外路面、出猪中转站、弱猪隔离舍、病死猪深埋坑消毒。

（一）养殖场外路面消毒

对养殖场外 50 米范围内的路面，使用 40% 二氯异氰尿酸钠 1∶1 000 倍稀释液，每周消毒 1 ～ 2 次。

（二）出猪中转站消毒

每次使用出猪中转站前后都必须消毒，以防止交叉感染。可使用过硫酸氢钾复合盐（如威特利剑 1∶200 倍稀释液）、戊二醛癸甲溴铵溶液 1∶500 倍稀释液、20% 浓戊二醛溶液（如威特醛

1:500 倍稀释液)、40% 二氯异氰尿酸钠 1:1 000 倍稀释液。

(三)物资中转站消毒

每次使用物资中转站前后都必须对物资中转站的周边道路、内外环境进行彻底洗消，物资中转站的人员洗消室、物资洗消室，每次使用完毕立即进行彻底洗消，经 ASFV 抗原检测合格后，晾干备用。可使用过硫酸氢钾复合盐（如威特利剑 1:200 倍稀释液）、戊二醛癸甲溴铵溶液 1:500 倍稀释液、20% 浓戊二醛溶液（如威特醛 1:500 倍稀释液）、40% 二氯异氰尿酸钠 1:1 000 倍稀释液。

(四)病死猪深埋坑消毒

1. 坑内消毒

在坑底撒一层厚度为 2～5 厘米的氯制剂（如漂白粉）或生石灰等消毒药。在坑内动物尸体及相关动物产品上铺撒氯制剂（如漂白粉）或生石灰等消毒药消毒。

2. 深埋坑周边消毒

深埋后，立即用氯制剂（如漂白粉）或生石灰等消毒药对深埋场所、周边以及转运道路进行一次彻底消毒。深埋过程中产生的污水用二氯异氰尿酸钠（如威特 40% 二氯异氰尿酸钠 1:1 000 倍稀释液）进行消毒处理。深埋后，第一周内应每日对深埋场所消毒 1 次，第二周起应每周消毒 1 次，连续消毒 3 周以上。

五、猪场不同消毒对象的消毒剂选择

猪场需要多种消毒方式，常见的消毒对象及其对应选用的消毒剂及使用浓度见表 3-1 至表 3-3。

表 3-1　非生产区消毒剂的选择及使用浓度

消毒对象		可用消毒剂类型	可选用消毒剂及使用浓度	备注
大门消毒池		氢氧化钠	2%～3%	每周更换2次
		醛类消毒剂	20%浓戊二醛溶液（威特醛）1：500倍稀释液	
		含氯消毒剂	40%二氯异氰尿酸钠1：1 000倍稀释液	
道路		氢氧化钠	2%～3%	喷洒
		生石灰	10%～20%石灰乳	泡沫喷洒消毒喷洒；夏天以瑞全消为主
		醛类复方消毒剂	瑞全消1：200倍稀释液	
		碘类复方消毒剂	百胜-30 1：200倍稀释液	
人员消毒	体表消毒	过硫酸氢钾复合盐类消毒剂	威特利剑1：400倍稀释液 卫可1：400倍稀释液	雾化
		碘类复方消毒剂	百胜-30 1：400倍稀释液	
		季铵盐类消毒剂	10%苯扎溴铵溶液1：500倍稀释液	

消毒对象		可用消毒剂类型	可选用消毒剂及使用浓度	备注
人员消毒	鞋底、脚浴消毒	过硫酸氢钾复合盐类消毒剂	威特利剑 1∶200 倍稀释液 卫可 1∶200 倍稀释液	人员通道地面应做成浅池型，池中垫入有弹性的室外型塑料地毯。消毒剂每周更换 2 次
		醛类复方消毒剂	戊二醛癸甲溴铵溶液 1∶500 倍稀释液	
		醛类消毒剂	20% 浓戊二醛溶液（威特醛）1∶500 倍稀释液	
		含氯消毒剂	40% 二氯异氰尿酸钠 1∶1000 倍稀释液	
	洗手消毒	过硫酸氢钾复合盐类	威特利剑 1∶400 倍稀释液 卫可 1∶400 倍稀释液	
		醛类复方消毒剂	瑞全消 1∶300 倍稀释液	
		含碘消毒剂	10% 聚维酮碘溶液 1∶500 倍稀释液	
		季铵盐类消毒剂	10% 苯扎溴铵溶液 1∶500 倍稀释液	
物资	衣物、胶鞋等	过硫酸氢钾复合盐类消毒剂	威特利剑 1∶400 倍稀释液 卫可 1∶400 倍稀释液	浸泡 30 分钟
		醛类复方消毒剂	瑞全消 1∶50 倍稀释液	
	手机、电脑、钥匙等	过硫酸氢钾复合盐类消毒剂	威特利剑 1∶400 倍稀释液 卫可 1∶400 倍稀释液	擦拭
		醛类复方消毒剂	瑞全消 1∶50 倍稀释液	
		含醇消毒剂	75% 酒精	

（续表）

消毒对象	可用消毒剂类型	可选用消毒剂及使用浓度	备注
车辆消毒	过硫酸氢钾复合盐类消毒剂	威特利剑1：200倍稀释液 卫可1：200倍稀释液	车辆的挡泥板和底盘等须喷透，驾驶室等必须严格消毒
	碘类复方消毒剂	百胜-30 1：400倍稀释液	
	醛类复方消毒剂	戊二醛癸甲溴铵溶液1：500倍稀释液	
	醛类消毒剂	20%浓戊二醛溶液（威特醛）1：500倍稀释液	
办公、生活区以及外来人员隔离区环境消毒	过硫酸氢钾复合盐类消毒剂	威特利剑1：200倍稀释液 卫可1：200倍稀释液	喷洒猪场办公室、宿舍、厨房、冰箱等平时消毒每周1次，卫生间、食堂、餐厅等必须每周消毒2次。疫情暴发期间每天消毒2次
	季铵盐类消毒剂	10%苯扎溴铵溶液1：（500～1 000）倍稀释液	
	含碘消毒剂	10%聚维酮碘溶液1：500倍稀释液	
	含氯消毒剂	40%二氯异氰尿酸钠1：1 000倍稀释液	

猪场生物安全体系建设与非洲猪瘟防控

表3-2　生产区消毒剂的选择及使用浓度

消毒对象	可用消毒剂类型	可选用消毒剂及使用浓度	备注
人员消毒	过硫酸氢钾复合盐类消毒剂	威特利剑1:400倍稀释液 卫可1:400倍稀释液	喷雾人员由非生产区进入生产区以及由生产区进入养殖舍必须更衣、消毒、沐浴，并换专用工作服
	季铵盐类消毒剂	10%苯扎溴铵溶液1:（500～1 000）倍稀释液	
脚踏消毒池	过硫酸氢钾复合盐类消毒剂	威特利剑1:400倍稀释液 卫可1:400倍稀释液	人员应穿上生产区的胶鞋或其他专用鞋，通过脚踏消毒池（消毒桶）进入生产区。消毒剂每周更换2次
	醛类复方消毒剂	瑞全消1:50倍稀释液 戊二醛癸甲溴铵溶液1:500倍稀释液	
	醛类消毒剂	20%浓戊二醛溶液（威特醛）1:500倍稀释液	
	含氯消毒剂	40%二氯异氰尿酸钠1:1 000倍稀释液	
场内道路、空地、运动场等消毒	醛类复方消毒剂	瑞全消1:200倍稀释液	泡沫喷洒，每周1～2次
	含氯消毒剂	40%二氯异氰尿酸钠1:1 000倍稀释液	

（续表）

消毒对象		可用消毒剂类型	可选用消毒剂及使用浓度	备注
赶猪通道、装猪台消毒		过硫酸氢钾复合盐类消毒剂	威特利剑 1∶400 倍稀释液 卫可 1∶400 倍稀释液	每次使用前、后，泡沫喷洒消毒
		醛类复方消毒剂	瑞全消 1∶100 倍稀释液 戊二醛癸甲溴铵溶液 1∶500 倍稀释液	
		醛类消毒剂	20% 浓戊二醛溶液（威特醛）1∶500 倍稀释液	
		含氯消毒剂	40% 二氯异氰尿酸钠 1∶1 000 倍稀释液	
产房消毒	产房环境	过硫酸氢钾复合盐类消毒剂	威特利剑 1∶400 倍稀释液 卫可 1∶400 倍稀释液	喷洒在产房地面、产床上，尤其保温箱内，用量为 100 毫升/米²
		复合碘消毒剂	百胜－30 1∶200 倍稀释液	
		含碘消毒剂	10% 聚维酮碘溶液 1∶500 倍稀释液	
		醛类复方消毒剂	瑞全消 1∶200 倍稀释液	
		季铵盐类消毒剂	10% 苯扎溴铵溶液 1∶（500～1 000）倍稀释液	

（续表）

消毒对象		可用消毒剂类型	可选用消毒剂及使用浓度	备注
产房消毒	母猪产前清洁消毒	过硫酸氢钾复合盐类消毒剂	威特利剑 1：400 倍稀释液 卫可 1：400 倍稀释液	全身抹洗，擦干
		复合碘消毒剂	百胜 -30 1：400 倍稀释液	
	母猪产后清洁消毒	季铵盐类消毒剂	10% 苯扎溴铵溶液 1：（500～1 000）倍稀释液	全身抹洗，擦干
		过硫酸氢钾复合盐类消毒剂	威特利剑 1：400 倍稀释液 卫可 1：400 倍稀释液	
		复合碘消毒剂	百胜 -30 1：400 倍稀释液	
		季铵盐类消毒剂	10% 苯扎溴铵溶液 1：（500～1 000）倍稀释液	
	仔猪断脐消毒	含碘消毒剂	10% 聚维酮碘溶液 1：500 倍稀释液	局部浸泡一次
		复合碘消毒剂	百胜 -30 1：200 倍稀释液	
	断尾、剪牙、去势等创口消毒	含碘消毒剂	10% 聚维酮碘溶液 1：500 倍稀释液	反复涂抹几次
		复合碘消毒剂	百胜 -30 1：200 倍稀释液	

（续表）

消毒对象	可用消毒剂类型	可选用消毒剂及使用浓度	备注
保育室消毒	过硫酸氢钾复合盐类消毒剂	威特利剑1∶400倍稀释液卫可1∶400倍稀释液	保育舍进猪前一天，对高床、地面、保温垫板泡沫喷洒消毒，用量为100毫升/米² 转入后每2天喷雾消毒1次，夏天可直接对仔猪喷雾消毒，冬天气温较低时，向上喷雾，水雾要细
	复合碘消毒剂	百胜-30 1∶400倍稀释液	
	醛-季铵盐复方消毒剂	戊二醛癸甲溴铵溶液1∶500倍稀释液	
	含碘消毒剂	10%聚维酮碘溶液1∶500倍稀释液	
	季铵盐类消毒剂	10%苯扎溴铵溶液1∶（500～1 000）倍稀释液	
后备、妊娠母猪室及公猪室消毒	过硫酸氢钾复合盐类消毒剂	威特利剑1∶400倍稀释液卫可1∶400倍稀释液	雾，用量为100毫升/米²；或用泡沫喷洒消毒
	复合碘消毒剂	百胜-30 1∶400倍稀释液	
	季铵盐类消毒剂	10%苯扎溴铵溶液1∶（500～1 000）倍稀释液	
中、大猪栏舍消毒	过硫酸氢钾复合盐类消毒剂	威特利剑1∶400倍稀释液卫可1∶400倍稀释液	喷雾,用量为100毫升/米²或泡沫喷洒消毒
	复合碘消毒剂	百胜-30 1∶400倍稀释液	
	季铵盐类消毒剂	10%苯扎溴铵溶液1∶（500～1 000）倍稀释液	

（续表）

消毒对象	可用消毒剂类型	可选用消毒剂及使用浓度	备注
病猪隔离区消毒	过硫酸氢钾复合盐类消毒剂	威特利剑 1 : 200 倍稀释液 卫可 1 : 200 倍稀释液	每天喷雾 2 次，用量为 100 毫升 / 米²
	复合碘消毒剂	百胜 -30 1 : 100 倍稀释液	
	季铵盐类消毒剂	10% 苯扎溴铵溶液 1 : （500 ～ 1 000）倍稀释液	
饮用水消毒	过硫酸氢钾复合盐消毒剂	威特利剑 1 : （5 000 ～ 20 000）倍稀释液 卫可 1 : 2 500 倍稀释液	猪群日常饮用水消毒
	复合碘消毒剂	百胜 -30 1 : 2 500 倍稀释液	
	含氯消毒剂	漂白粉（含有效氯 25% ～ 30%），每 50 升水加 1 克	
	含碘消毒剂	10% 聚维酮碘 10 毫克 / 升溶液	
饲喂、运载及其他器具消毒	过硫酸氢钾复合盐类消毒剂	威特利剑 1 : 200 倍稀释液 卫可 1 : 200 倍稀释液	浸泡消毒。直接接触猪只的器具如小猪周转箱（车）每次使用后必须刷洗消毒
	复合碘消毒剂	百胜 -30 1 : 200 倍稀释液	
	醛类复方消毒剂	瑞全消 1 : 50 倍稀释液 戊二醛癸甲溴铵溶液 1 : 500 倍稀释液	
	醛类消毒剂	20% 浓戊二醛溶液泡沫型（威特醛）1 : 500 倍稀释液	

（续表）

消毒对象		可用消毒剂类型	可选用消毒剂及使用浓度	备注
空栏舍消毒	泡沫消毒	碱性泡沫清洗剂	威特洁净	彻底清理后，使用畜禽泡沫清洗剂浸泡 10～20 分钟，高压水冲洗然后消毒
		醛类消毒剂	20% 浓戊二醛溶液泡沫型（威特醛）1：100 倍稀释液	浸泡 10～20 分钟后高压水冲洗
	终末消毒	醛类消毒剂	20% 浓戊二醛溶液（威特醛）1：20 倍稀释液	加热熏蒸消毒，用量为 1 毫升原液 / 米^3
		复合碘消毒剂	百胜 -30　1：400 倍稀释液	
		醛类复方消毒剂	瑞全消 1：50 倍稀释液 戊二醛癸甲溴铵溶液泡沫消毒剂 1：500 倍稀释液	
		含氯（烟熏）消毒剂	威特二氯异氰尿酸钠烟熏剂	
		醛类消毒剂	20% 浓戊二醛溶液（威特醛）1：20 倍稀释液	加热熏蒸消毒，用量为 1 毫升原液 / 米^3
		醛类复方消毒剂	瑞全消 1：50 倍稀释液	浸泡
		含氯消毒剂（烟熏剂）	威特二氯异氰尿酸钠烟熏剂	烟熏消毒

（续表）

消毒对象	可用消毒剂类型	可选用消毒剂及使用浓度	备注
水线处理	过硫酸氢钾复合盐类消毒剂	威特利剑 1∶200 倍稀释液 卫可 1∶200 倍稀释液	猪场饮水系统管道建议每 2 个月消毒 1 次，将消毒剂灌满管道，作用 30 分钟，再用清水冲洗
	复合碘消毒剂	百胜 -30 1∶200 倍稀释液	
	液体酸化剂	威特酸 1∶100 倍稀释液	

表 3–3　场外消毒剂的选择及使用浓度

消毒对象	可用消毒剂类型	可选用消毒剂及使用浓度	备注
场外路面 50 米	含氯消毒剂	40% 二氯异氰尿酸钠 1∶1000 倍稀释液	
外围售猪中转平台	过硫酸氢钾复合盐类消毒剂	威特利剑 1∶200 倍稀释液 卫可 1∶200 倍稀释液	
	醛类复方消毒剂	瑞全消 1∶50 倍稀释液 戊二醛癸甲溴铵溶液 1∶500 倍稀释液	
	醛类消毒剂	20% 浓戊二醛溶液泡沫型（威特醛）1∶500 倍稀释液	
车辆消毒 车辆泡沫浸润	碱性泡沫清洗剂	威特洁净	以泡沫方式消毒
	醛类消毒剂（泡沫型）	20% 浓戊二醛溶液（威特醛）	
	醛类复方消毒剂	瑞全消 1∶200 倍稀释液	

（续表）

消毒对象		可用消毒剂类型	可选用消毒剂及使用浓度	备注
车辆消毒	车辆再消毒	过硫酸氢钾复合盐类消毒剂	威特利剑 1∶200 倍稀释液 卫可 1∶200 倍稀释液	车辆的挡泥板和底盘等须喷透，驾驶室等必须严格消毒。喷雾湿润30分钟以上
		复合碘消毒剂	百胜 -30 1∶200 倍稀释液	
		醛类复方消毒剂	戊二醛癸甲溴铵溶液 1∶500 倍稀释液	
		醛类消毒剂	20% 浓戊二醛溶液（威特醛）1∶500 倍稀释液	

第四章

猪场生物安全管理制度

一、猪场内外环境管理

猪场环境主要指猪场所在区域的环境、植被、沟渠、道路以及环境的温度、湿度、卫生条件等，本章重点介绍如何通过加强猪场环境管理来提高猪场生物安全水平。

（一）道路

确定猪场外的"脏道"（外来车辆行驶的道路）和"净道"（猪场场外中转运输车辆行驶的道路），脏道与净道尽量不要交叉。用于猪场场外中转运输的车辆，要严格在净道行驶，且原则上不得在猪场内使用；若必须进入猪场外部生活区，必须经过严格的车辆洗消、烘干和人员洗消，并经检验合格后驶入；严禁进入内部生活区及生产区。猪场外的脏道和净道在每次使用后，都要及时进行彻底的清洗、消毒、干燥，经检验合格后备用，以保证猪场周围环境的安全。

（二）门岗区

门岗区是猪场生物安全工作的前沿阵地，包括猪场大门口内外、门卫室、猪场围墙周边。

每天清扫猪场大门口内外（包括道路、绿化带、空闲地、消毒池）的垃圾，定期洗消路面，保持环境干净整洁。

门卫室每天打扫卫生，保持四壁干净整洁；每天早、晚各消毒 1 次；定期更换鞋底消毒池和洗手盆里的消毒液。

定期组织人员清理猪场周边的沟渠，使之畅通，减少积水，清理周边杂草以减少蚊、蝇，检查防鼠设施是否完好。

（三）办公区

办公区是可能有外来访客的地方，一定要做好生物安全防范工作。

由专职人员每天做好办公区域室内、室外的清洁卫生工作，人员下班后及时做好室内、楼道、过道的环境消毒。

清洁人员对办公区域内外来人员易接触到的用具及时清洗、消毒。

办公区定期大扫除，及时清理区域内的沟渠、积水洼地以减少病原微生物的滋生，减少蚊、蝇等。

（四）外部生活区

厨房：每天做完饭后要清扫地面，并保持地面干燥；清理墙面，减少油污；及时清理厨房垃圾，减少老鼠、蟑螂、蚊、蝇等。

食堂：每天用餐后及时清洗餐桌和地面的油渍，使用专用消毒水消毒，及时清理剩余饭菜。

员工宿舍：员工每天在员工宿舍里休息时都要进行沐浴、更衣，注意自身清洁；员工上班后，由专职保洁人员清扫员工宿舍楼梯、过道、房间，清洗脏衣物，并做好自身及环境消毒工作，注意避免交叉污染。

定期进行外部生活区环境大扫除，及时清理沟渠、积水洼地，以减少细菌滋生，减少蚊、蝇等。

外部生活区垃圾：按照各类垃圾的生物安全管理规定，及时分类处理。

(五) 生产区

要定期清理猪舍外围沟渠，不能留有粪尿，保持畅通，以减少细菌滋生，减少蚊、蝇等。

每天清扫猪舍内外地面，清除撒落的饲料等，减少飞鸟的觅食。

每天做好场内生产垃圾的清理处置，减少交叉感染。

定期清除杂草，及时清理猪场内废旧设备和工具，以便消毒时不留死角，使消毒更彻底，也减少小动物的藏身场所。

(六) 衣物及工具

1. 衣服

猪场应准备充足的工作服，工作人员每人配备 2～3 套当季工作服，交替使用。安排专人洗消工作服，换下来的脏工作服需要在消毒液中浸泡 30 分钟以上，有条件的猪场建议在洗消衣物的工具房内配备烘干设备和紫外线消毒设施，以便对衣物进行烘干和紫外线消毒。猪场不同区域工作人员的工作服最好有颜色区分，不可以混穿，装猪台的销售人员尤其注意：当猪场工作人员处理过疑似疫情或病死猪，或者进猪、出猪后，要立即更换工作服，并进行人员及衣物洗消。

2. 鞋

在猪场不同区域，配备不同颜色或者样式的工作鞋，加以区分，严禁混穿。每天下班前彻底清洗鞋上的污物，尤其是被踩在鞋底的粪污，彻底洗消后底部朝上放在鞋架上晾干备用。

3.手套

正确使用手套，可以有效减少病原的传播。可以使用一次性手套，也可以使用彻底消毒后的乳胶手套。手套应该经常更换，例如在不同窝间操作时要及时更换手套。

4.日常工具

日常工具要专舍专用，严禁串舍使用。如果有料车，每天要清空，防止饲料发霉。料车走净道，粪车走污道，不要有交叉。维修工具在进入不同猪舍前后都要进行严格的洗消，以免传播病原。

二、猪舍生物安全日常管理细节

猪场生产区内的工作人员不可以串舍，人员定舍定岗，工具专舍专用。各猪舍工作人员的衣服、靴子、口罩、手套、工具的颜色不同，以便严格区分。具体管理细节如下。

（一）进猪缓冲舍

进猪缓冲舍在使用前要进行彻底洗消，并至少空舍 1 周。进猪缓冲舍在使用后要及时洗消、晾干，备用。

（二）配怀舍、妊娠舍

每日检查饲喂设备卫生，打扫栏舍内环境卫生，观察猪群健康情况、采食表现等，异常猪及时隔离并给予治疗。

（三）产房

产房尽可能采取全进全出制，产床使用前要进行彻底洗消，并空栏 1～2 周。严格遵守洗猪和断奶程序，待产母猪上产床前要进行洗澡、消毒，然后再进入产床。及时处理每天的垃圾、胎衣、死胎、木乃伊胎、病死仔猪，做好对异常母猪和仔猪的护理和治疗工作。每天观察每头母猪和仔猪的健康状况，及时发现并治疗问题仔猪，对腹泻仔猪，发现一头，治疗一窝。每批仔猪断奶转舍后，要对产房的所有设备进行彻底洗消。工作人员尽量避免上产床，抓仔猪时戴手套，保证每张产床固定一副手套、一副鞋套。仔猪断脐、剪牙、断尾时，要选用合适的消毒剂，对伤口及时进行消毒处理。此外，在产房进行窝间寄养是非常危险，因为病菌很容易传给没有足够母源抗体的易感仔猪，应尽量避免。

（四）保育舍、育肥舍

猪只尽量采取全进全出制，尽可能减少人员的出入。使用前要进行彻底洗消，并空栏 1 ～ 2 周。进猪后，及时调整猪群，按强弱、大小分群，日龄差异不要太大，保持合理的密度。平时做好带猪消毒，每天打扫猪舍卫生时要注意观察猪只的健康情况。及早发现异常猪，及时处理和对症治疗。怀疑有烈性传染病的病猪要及时淘汰。对有发病的栏舍要及时对栏舍环境、人员、衣物、工具进行彻底洗消，尤其是鞋底带有的分泌物、排泄物等一定要洗消干净。

三、猪场日常操作的生物安全管理

（一）门卫管理

门卫是把守所有人员与物资进出猪场的唯一关卡，门卫必须依据猪场规定的生物安全制度严格履行以下工作职责。

门卫全天候值守猪场大门，无人员与车辆进出时，大门处于关闭状态。

门卫负责所有进出场车辆、人员、物资的生物安全措施的落实与监督执行。

门卫负责监督靠近猪场的车辆在猪场大门口的洗消流程，对必须下车的驾驶员配给一次性鞋套和一次性防护服，并监督必须下车驾驶员的活动范围（只能在车辆附近活动）。

门卫提醒和监督人员做好进出场登记，并按要求洗澡、更衣、换鞋、鞋底消毒。

外来访客入场，门卫必须获得猪场生物安全负责人许可，再让访客登记并讲解入场程序，引导访客实施人员进场生物安全程序。

门卫负责收集访客及回场员工换下的脏衣服，并进行清洗、消毒、烘干、折叠，放在猪场指定的位置。

门卫对员工和访客带入的随身物品进行检查，严禁带入生鲜冻品、猪肉和肉制品（含火腿肠、培根、香肠与腊肉等），对必须入场物资拆除外包装进行严格的熏蒸消毒及检验。

门卫负责定期更换猪场大门消毒池里的消毒液及保持水位。

门卫负责定期或根据需要随时对猪场大门区域进行环境消毒。

（二）车辆流动

1. 车辆管理基本原则

（1）车辆单向流动原则。车辆遵循从净区到脏区单向流动的原则。在车辆的生物安全管理体系中，凡是本猪场的人员、车辆和猪只等属于净区范围；客户的猪场、人员、车辆和猪只，以及屠宰场区域等属于脏区范围。车辆只能从净区向脏区单向流动且不可逆，如果车辆想从脏区向净区流动，则必须先采取相应的生物安全处理措施，如清洗、消毒、干燥、隔离、检测等，才能进入净区。

（2）车辆属地管理原则。车辆在停放、使用以及消毒处理过程中，必须遵守不同体系或区域的车辆生物安全管理原则，即属地管理原则。例如，车辆到达不同客户猪场区域，必须按照不同客户猪场的车辆生物安全管理要求进行停放和消毒处理。

（3）车辆程序管理原则。车辆在用于运输猪只、饲料、人员、物资等不同用途的过程中，停放在不同的区域，必须遵守该区域的车辆处理与管理程序。

（4）车辆管理的禁止性原则。

① 禁止猪场不同区域的车辆跨区域使用。

② 禁止猪场外的车辆及驾驶员进入猪场内。

③ 禁止猪场使用木质材料的车辆，以便于洗消。

④ 禁止猪场使用未经彻底清消和干燥的车辆。

⑤ 禁止同车运输不同猪场来源的猪只。

⑥ 禁止猪场的运输车辆在集贸市场、活畜禽市场、屠宰场、病死猪处理场停留或停靠。

2. 车辆洗消管理

车辆洗消管理具体流程详见本书第二章"车辆洗消设施"。

3. 外来车辆管理

（1）外来运输车辆。除饲料场打料车之外，其他外来车辆一律不得靠近猪场围墙。饲料场的打料车必须按照猪场的生物安全要求，首先到第二级车辆洗消点对车辆外表及人员进行彻底洗消，且 ASFV 抗原检测合格；然后，按照猪场规定的路线经过第三级车辆洗消点和第四级车辆洗消点，行驶到靠近猪场饲料中转塔的猪场围墙外的指定位置，驾驶员全程不下车，由猪场工作人员完成饲料场打料车与猪场饲料中转塔之间的连接。

（2）外来购猪车辆。外来购猪车辆必须按照猪场的生物安全要求，首先到车辆第二级洗消点对车辆内外及人员进行彻底洗消，且 ASFV 抗原检测阴性；然后，按照猪场规定的路线经过第三级车辆洗消点和第四级车辆洗消点，行驶到出猪中转站的脏区，停靠在指定的位置，对接转猪台装猪；装猪完毕，按照猪场规定的路线驶离出猪中转站。

外来购猪车辆的司机只能在出猪中转站的脏区活动。

外来购猪车辆离开出猪中转站后，立即对外来购猪车辆停靠的区域以及行驶的道路进行彻底洗消，备用。

（3）外来办公车辆。外来办公车辆，包括猪场老板的车辆、员工的车辆，只能在猪场办公区停靠，严禁进入猪场内部生活区和生产区。

4. 场外中转车辆管理

场外中转车辆属于猪场自己的车辆，而非外来车辆。

（1）场外运输病死猪、垃圾、粪污车辆管理。场外运输病死猪车辆平时停靠在猪场外的单独的指定位置，不要靠近猪场围墙及猪场其他车辆，也不要接触到社会车辆。使用前，到第二级车辆洗消点对车辆内外及驾驶员进行彻底洗消；然后，按规定路线行驶到猪场围墙外的出猪台处停靠，装上死猪；按照猪场规定的路线行驶到死猪处理点，卸货；到第二级车辆洗消点对车辆内外及驾驶员进行彻底洗消；检验合格后，按照猪场规定的路线返回，途经第三级洗消中心和第四级洗消中心，对车辆外部进行洗消，然后停靠在猪场指定的位置。

转运病死猪应由专人负责，不要与生产区人员混淆。

运输病死猪的车辆可以运送猪场垃圾、粪污，管理要求与运送病死猪一样。

严禁运输病死猪的车辆与运猪车辆、运送物资的车辆混用。

（2）场外运猪车辆管理。场外运猪车辆平时停靠在猪场围墙外的指定位置；使用前，到第二级车辆洗消点对车辆内外及驾驶员进行彻底洗消；然后，按规定路线行驶到猪场围墙外的出猪台处停靠，装上出售的猪只；按照猪场规定的路线行驶到出猪中转站，停靠在指定位置，完成售猪过程；到第二级车辆洗消点对车辆内外及驾驶员进行彻底洗消；检验合格后，按照猪场规定的路线返回，途经第三级洗消中心和第四级洗消中心对车辆外部进行洗消，然后停靠在猪场指定的位置。

场外运猪车辆应与运输病死猪、粪污、物资的车辆严格区分，严禁混用。

（3）场外运输物资车辆管理。最好在猪场外建立物资中转站，将场外运输物资车辆分成两段管理。物资中转车专门负责将物资从物资中转站运送到猪场，外来运送物资的车辆或者猪场负责外部采购的车辆（统称外部车辆）负责从猪场外购买物资运送到中转物资库。物资中转车与外部车辆不接触，道路不交叉；物资在物资中转站先进行洗消，经 ASFV 抗原检测合格后，才可以装到物资中转车上运送到猪场。

物资中转车平时停靠在猪场围墙外的指定位置；使用前，

到第二级车辆洗消点对车辆内外及驾驶员进行彻底洗消；然后，按规定路线行驶到场外中转物资库，停靠在指定装货位置；驾驶员不下车，以免污染车辆驾驶室；由物资中转站的工作人员将物资装车；物资中转车回程必须先经过第三级和第四级车辆防控点（至少要经过第四级车辆防控点）对车体外表进行彻底洗消，然后驶到猪场外围墙的指定位置卸下物资；物资中转车卸货完毕，直接开到第二级车辆洗消中心对车体内外及驾驶员进行彻底洗消；经 ASFV 抗原验测合格后，按指定路线开回猪场，途经第三级洗消中心和第四级洗消中心，对车辆外部进行洗消，然后停靠在猪场围墙外的指定位置。

猪场负责外部采购的车辆平时停靠在物资中转站围墙外的指定位置；按规定路线行驶到大环境相对安全的位置与售卖方对接、拖运或采购物资；猪场负责外部采购的车辆在采购完毕回到物资中转站的过程中，必须先经过第三级车辆防控点对车辆外部进行彻底消毒，驾驶员不下车；然后回到物资中转站围墙外的指定卸货位置，驾驶员进入车厢传递物资，由物资中转站的工作人员将物资卸到物资洗消室进行洗消，工作人员卸货后要进入人员洗消室进行人员洗消。猪场负责外部采购的车辆卸货完毕，直接开到第二级车辆洗消中心对车体内外及驾驶员进行彻底洗消；检验合格后，开回物资中转站，途经第三级洗消中心对车辆外部进行洗消，然后停靠在物资中转站围墙外的指定位置。

场外运输物资车辆，应与运输猪、病死猪、粪污的车辆严格区分，严禁混用。

5. 场内车辆管理

车辆进场前需要严格按照车辆洗消管理要求进行洗消，且 ASFV 抗原检测阴性。

车辆进场后，场内车辆必须专区专用，严禁跨区域使用，更不能出场使用。

严格按照猪场规定的路线行驶，停靠在猪场指定位置。

坚持一运一清理、一天一消毒、一周一洗消检测原则。每次使用完及时清理车辆及道路上的肉眼可见污物；每天使用并清理后，对车辆及道路喷洒消毒剂消毒、晾干；每周对车辆及道路进行一次彻底洗消，并检测 ASFV 抗原，确保检测结果阴性。

6. 其他车辆

（1）保险公司车辆。这些车辆经常进出不同猪场，生物安全隐患较大，需要严加管理。

保险公司车辆按照猪场要求到第二级车辆洗消点对车辆内外及人员进行彻底洗消；然后，按规定路线停在远离场区的指定区域，严禁保险公司车辆靠近猪场，更不能进场。保险公司人员在第二级车辆洗消点彻底洗消后，进入现场前，需要严格按照猪场进入生产区的人员洗消要求，进行洗澡、更衣、换鞋、鞋底消毒，经 ASFV 抗原检测阴性后，才能进入生产区，在进入猪舍前再次进行更衣、洗手、换鞋、鞋底消毒，才可以进入指定猪舍勘察现场；严格控制进场人数。死亡猪只经勘察人员核定后，用本场专用场外运输病死猪的车辆送到保险公司无害化处理车辆处卸载。本场专用场外运输病死猪的车辆及人员完成任务后，立即行驶到第二级车辆洗消点对车辆内外及人员进行彻底洗消，经 ASFV 抗原检测阴性后，按照猪场规定的路线返回，途经第三级洗消中心和第四级洗消中心对车辆外部进行洗消，然后停靠在猪场指定的位置。

建议不能严格做到以上生物安全措施的猪场，不要通过保险公司理赔的方式处理病死猪。

（2）施工车辆。尽量在空栏期对猪场设备进行维修，尤其是生产区设备，不建议带猪维修。如果万不得已，必须带猪维修，施工车辆及人员必须严格遵守以下生物安全要求。

施工车辆进场前，按照猪场要求行驶到第二级车辆洗消点对车辆内外、施工人员及施工工具进行彻底的洗消，经 ASFV 抗原检测阴性后，按照猪场规定的路线来到猪场，途经第三级洗消中心和第四级洗消中心对车辆外部进行洗消，施工车辆上的人员全程不下车。

在门卫处登记。

施工车辆进入猪场后，必须按照猪场指定的路线行驶，施工人员不得在猪场内随意活动。

施工人员尽量不进入猪舍；如必须进入猪舍，需严格执行猪场访客进场流程，在第二级车辆洗消点彻底洗消。进入现场前，需要严格按照猪场进入生产区的人员洗消要求，进行洗澡、更衣、换鞋、鞋底消毒，经 ASFV 抗原检测阴性后，才能进入生产区。在进入猪舍前再次进行更衣、洗手、换鞋、鞋底消毒，才可以进入指定猪舍进行施工；严格控制进场人数。

施工人员需在本猪舍工作人员的带领下进入猪舍，施工过程中尽量减少猪只应激反应。

施工完毕，施工人员及施工车辆应按照猪场指定的路线尽快离场。

施工工具由施工人员带走，施工废弃物由猪场工作人员按照猪场垃圾及时处理。

（三）人员流动

1. 外来人员管理

人是多种病原的活载体，人员流动是猪病传播最常见、最危险、最难以防范的途径，加强外来人员管理是猪场生物安全措施的关健所在。养猪场应尽可能谢绝参观访问，严格控制外来人员进入生产区。

（1）访客风险评估。外来人员包括必要来访者和非必要来访者。必要来访者是指具有职能要求的能够进入生活区或生产区的外来人员，主要有监管机构政府官员、兽医顾问、服务人员、设备维护基建人员以及后端处理人员等；非必要访问者是指没有职能要求进入生活区或生产区的外来人员，包括供应商、参观者、家属、朋友、保险人员、猪贩、司机等。猪场应尽量限制非必要访问者的进入，如有需要进入生产区的外来人员，应至少提前 72 小时向猪场提交申请，猪场生物安全负责人对访客进行风险评估，批准访问或拒绝访问（表 4-1）。

表 4-1　访客风险评估

项目	低风险（1 分）	中等风险（2 分）	高风险（3 分）
每天访问猪场数量	无	1～2 个	多个猪场
上次拜访猪场时间间隔	> 72 小时	24～72 小时	<24 小时

（续表）

项目	低风险（1分）	中等风险（2分）	高风险（3分）
防护服和鞋子	进入猪场前都穿干净的衣服和鞋子	穿干净的鞋子 / 不换衣服	不穿干净的衣服和鞋子
与猪只接触	无	少量或无直接接触	定期接触猪
生物安全知识	理解并运用	有意识	了解甚微

参考：SwineTex，Todd,2018

获得猪场生物安全负责人批准的访问者，入场前应在门卫处详细填写访客登记表，包括具体拜访日期、时间、姓名、联系方式、访问事由以及最近一次接触猪场的情况（表4-2）。

表4-2 访客记录

日期时间	姓名	公司	联系方式	访问目的	最近一次接触猪场		
					日期	地点	离场时间

（2）访客进场流程。所有访客必须严格按照猪场规定的生物安全流程进场（图4-1）。随身携带的物品除了手机、眼镜可以带入，其余物品都必须放在储物柜里暂存。拟携带进场的手机、眼镜，应首先放入物资消毒室进行熏蒸消毒，经ASFV抗原检测阴性方可带入猪场内部生活区。拟进场的访客，需要

进入人员洗消室进行彻底洗消，更衣、洗澡、换鞋、鞋底消毒，经 ASFV 抗原检测合格方可进入猪场内部生活区。访客及随身物品进场的流程必须是单向且不可逆的，禁止来回穿梭流动。

所有要求进入生产区的外来人员必须严格遵守猪场隔离程序，根据访客拟接触不同类型的猪群制定不同的隔离时间，原则上隔离时间不应低于 48 小时，隔离期间隔离人员只能在猪场指定的隔离区域活动。

（3）主要外来人员管控。

① 政府官员：政府官员可在猪场接待人员的引领下，经全身喷雾消毒、鞋底消毒后，进入猪场办公区；政府官员如确

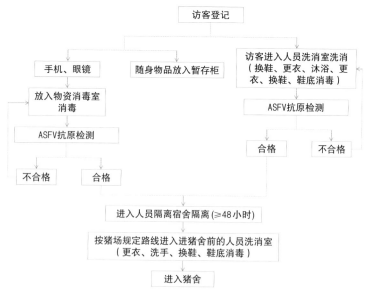

图 4-1　外来人员进场流程

实因为工作需要，需要进入猪场内部生活区或生产区，则需要严格按照猪场访客进场流程执行。

② 猪贩、中介、业务员：一律不准进入猪场内部生活区及生产区。

③ 业务合作：灭鼠人员、维修人员、技术服务人员、保险人员及后端处理人员等尽量不进场，如必须进场，则需要严格按照猪场进入生产区的人员洗消要求，进行洗澡、更衣、换鞋、鞋底消毒，经 ASFV 抗原检测阴性后，才能进入生产区，在进入猪舍前再次进行更衣、洗手、换鞋、鞋底消毒，才可以进入指定猪舍工作；严格控制进场人数。

④ 员工家属：非直系家属不准入场，直系家属需经猪场生物安全负责人批准后入场，入场前必须严格执行猪场生物安全管理制度；严禁家属进入生产区。

⑤ 饲料运输司机、基建材料运输司机：原则上不下车，如必须下车应穿一次性鞋套和一次性防护服，仅能在车辆周边走动，严禁进入生活区和生产区。

⑥ 卸车人员：饲料和物资的卸载应由非生产区人员负责，必须更换猪场的鞋子和衣服。

⑦ 生产区新员工：新员工到猪场报到，先按照进入办公区的程序全身喷雾消毒、鞋底消毒进入办公区，先在办公区及外部生活区隔离 48 小时，并进行必要的生物安全知识培训；再严格按照猪场访客进场流程，在内部生活区隔离 48 小时，并进行生产区的工作相关培训，方可继续按照猪场生物安全程序进入生产区工作。

⑧ 污物处理人员的管理：猪场污物管理人员在处理生产

污物、猪粪、生活垃圾等时，必须在猪场指定的消毒点更衣、洗澡、换鞋、鞋底消毒，方可进出；严禁外来人员进入污物区；相关环保部门人员如需进入，必须严格执行访客进场流程后方能进场，且穿戴防护衣物，在离开污物区后，所勘察区域全部进行环境消毒。

2. 内部人员管理

（1）猪场生物安全组织架构、人员设置及岗位职责。

① 生物安全组织架构：猪场组织架构与岗位设定可依据现代化猪场管理的要求和猪场生产规模而定。各猪场必须根据具体情况合理配置各岗位人员，明确其工作职责和管理权限。基于猪场生物安全体系的建立，建议增加负责整个猪场生物安全的专门岗位——生物安全部长或生物安全组长，负责整个猪场生物安全工作；并按猪场的不同功能区域设置不同的区域生物安全小组组长，负责猪场具体区域的生物安全工作。

② 生物安全人员设置：猪场生物安全部长或生物安全组长应直接向猪场总经理汇报，也可以由总经理兼任或者由猪场总兽医师兼任。下设各生物安全小组组长，可由各生产功能区的负责人兼任，并向生物安全部长（或组长）汇报（图4-2）。

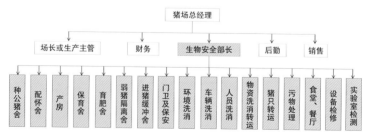

图4-2　猪场生物安全体系人员组织架构

③ 生物安全岗位职责：以层层管理、分工明确、生物安全部长（或组长）与各小组组长负责制为原则，具体工作专人负责，既有分工，又有合作，服从上级安排。生物安全部门定期评估生物安全执行情况，并提出整改意见及目标要求。生物安全部长（或组长）负责全场生物安全制度的建立、员工培训、监督执行、定期评估、检查整改等。各小组组长负责各自小组的日常执行、指导与评估、发现问题并提出整改意见等。重要的事情必须通过猪场领导班子研究后解决。

（2）日常工作人员的管理制度。生物安全细节决定成败，猪场所有工作人员必须增加生物安全意识，并且贯穿到日常工作始终，严格按照生物安全管理原则进行生产工作。

必须告知所有员工（生产区人员及非生产区人员）有关适用于本猪场的生物安全规则及其重要性。任何进入场区的人员必须遵守和严格执行场区各区域的相关生物安全制度。

在猪场内部生活区和生产区，只可穿着猪场内各区域指定的衣服，使用各区域指定的工具。未经生物安全部长（或组长）允许，不得有儿童等无关人员进入内部生活区和生产区。

所有更衣设施必须有明确的脏区、灰区、净区的分界线，而且所有人员必须时刻遵守。所有进入猪场内部生活区和生产区的人员必须在进入净区前淋浴，并穿上猪场指定的衣服和靴子。必须带入的个人随身用品，如眼镜、手机等，须经消毒并检验合格后，方可带入。

场区内兽医、配种人员、维修人员、其他工作人员未经生物安全部长（或组长）允许，不得进入猪场内部生活区和生产区。任何非本场工作人员在进入猪场生产区以前，必须完成生物安全部长（或组长）认可的访客人员洗消程序以及不少于48 小时隔离，进入猪舍前也要在进猪舍前人员洗消室执行严格的洗消流程。

休假或者离开内部生活区的本场员工再次进入生产区之前，必须按照猪场生物安全要求进行洗澡、更衣、换鞋、鞋底消毒，经检测合格，在猪场内部生活区完成至少 48 小时的隔离。建议有条件的猪场采取与猪群饲养周期同样的人员休假制度，与猪群同进同出，定期安排员工休假，以降低因人员出入导致的病原传入风险。

本场员工在休假或者离开内部生活区及生产区期间，避免接触活猪、猪肉及其制品等潜在的污染源。若发生过接触，应及时报告生物安全部长（或组长）或所在组组长，应执行自接触之时起计的 96 小时隔离以后，才可以再次按照猪场生物安全流程进入猪场生活区及生产区。

任何进入猪场内部生活区的人所携带物品都必须接受猪场门卫的检查，手机、眼镜等必带品必须经过熏蒸或紫外线消毒，经检验合格后带入；其他需要带进去的物品，需经生物安全部长（或组长）许可，方可经过上述消毒及检验程序带入。

饲养人员不得随意串舍，不得交叉使用其他圈舍的用具及设备。建议有条件的猪场，将不同圈舍的衣物、工具、专用道路，用不同颜色标记，以便起到警示和便于监督的作用。不同区域的工作人员在同一个工作日内跨区域流动需得到猪场生物安全部长（或组长）的许可，并且单向流动，不得来回流动。

猪场工作人员如果搭乘了包括本场自有的 24 小时内受过污染的运载工具后，必须重新经过猪场规定的人员洗消程序，隔离 48 小时，检测合格后，方可重新进入猪场内部生活区和生产区。

本猪场中转车辆驾驶员尽量不下车，如必须下车，则需要在下车前换上干净的工作服和鞋子，且只能在本车辆附近活动，并尽可能减少活动区域，不允许进入猪场内部生活区及生产区。

外来车辆驾驶员无猪场生物安全部长（或组长）的允许，不得下车活动；如经允许必须下车，则需要在下车前换上干净的工作服和鞋子，且只能在本车辆附近活动，并尽可能减少活动区域，不允许进入猪场内部生活区及生产区，车辆及驾驶员离开后，停留区域立即进行彻底消毒。

（3）猪只转群时的人员管理。所有人员在猪只转群时应严格按照操作规程进行。

转群时，舍内工作人员将猪赶到内部中转车辆上，但应该尽可能地避免接触内部中转车辆。

舍内是净区，赶猪通道是灰区，内部中转车辆是脏区。舍内工作人员只能从净区进入到灰区，不得进入脏区。赶猪完毕，赶猪人员立即对灰区及赶猪工具进行彻底洗消。之后，赶猪人员要重新经过进猪舍前的人员洗消流程，方可重新进入猪舍。

（4）卖猪时的人员管理。指定专门出猪人员，出猪人员一般安排即将休假的生产区工作人员。其中一人负责在出猪台的净区赶猪，另一人负责在出猪台的灰区赶猪，注意出猪人员在赶猪期间只能在自己所负责的区域活动，不得跨区域流动。在本次赶猪结束后，出猪人员直接从出猪台的脏区出猪场，进行正常休假。

不同区域的出猪人员，在赶猪期间不得相互接触，更不得与脏区的人员或物品有任何形式的接触。

出猪人员出猪工作结束后，或者一旦与外来人员及外来物品有任何形式的接触，则必须重新经过人员洗消、隔离、检测合格后，进入内部生活区及生产区。

出猪结束后，按照净区、灰区、脏区的顺序，由出猪人员对出猪台的各个区域进行全面彻底的清洗和消毒，晾干，检测合格后备用。

（5）猪场内部其他员工的管理。

① 办公人员、财务人员、销售人员：猪场办公人员、财务人员、销售人员等非生产区人员，只能在办公区和外部生活区活动，原则上不允许进入内部生活区及生产区。若因工作需要必须进入内部生活区及生产区，则必须严格按照访客进场流程，经洗消、隔离、检测合格后，方可进场。办公人员与统计人员应严禁接触外面的活猪、猪肉及其制品等潜在的污染源。

② 食堂采购及厨房人员：外部生活区的食堂采购、后厨等人员禁止进入内部生活区及生产区，不允许与内部生活区及生产区的人员接触。食堂采购、后厨等人员应避免接触外面的活猪、猪肉及其制品等潜在的污染源，若发生过接触，则应执行自接触之时起计算不低于 48 小时隔离以后才可以再次进入外部生活区。

③ 物资中转站管理人员、外部采购人员：物资中转站管理人员、外部采购人员禁止进入内部生活区及生产区，不允许与内部生活区及生产区的人员接触。物资中转站管理人员、外

部采购人员应禁止接触外面的活猪、猪肉及其制品等潜在的污染源，若发生过接触，则应执行自接触之时起计算不低于 48 小时隔离以后才可以再次进入物资中转站。

（四）物资流动

很多 ASF 发病猪场经过传染源溯源，证实是由车辆流动、物资流动、人员流动过程中导致的感染，因此做好物资流动过程中的生物安全防控工作对于猪场 ASF 防控至关重要。

ASFV 在不同环境和不同物质中的存活时间不同，ASFV 在冰冻或未煮熟的肉中能存活几周或几个月；在腌制或处理过的猪肉制品中，如 Parma 火腿，经腌制 300 天后病毒不再有感染力；在西班牙腌制的猪肉制品中，如 Serrano 火腿和 Iberian 火腿及肩肉，ASFV 能存活 140 天，在 Iberian 腰肉中能存活 112 天。ASFV 可以通过污染的衣物、工具及设备等物资间接传播感染。

不同媒介携带感染性 ASFV 的风险等级不同，具体如表 4-3 所示。

表 4-3　不同媒介携带感染性 ASFV 风险等级

风险等级	媒介
非常高	冻肉
高	冷藏肉
	野猪（运输）
	家养猪（运输）
	皮肤脂肪
	内部被污染的动物运输车辆

（续表）

风险等级	媒介
中等	烟熏肉
	发酵肉制品、风干肉（火腿、腊肉）
	外部被污染的任何运输车辆
	参与养猪的人
	泥浆
	动物饲料
	垃圾
	污染物
低	没有参与养猪的人
非常低	蔬菜
	水果
	鸟兽（啮齿动物）
	干草、稻草等垫料
	吸血昆虫
可以忽略	70℃加热30分钟以上的猪肉

因此，通过ASFV在不同物质中存活时间和可能导致感染的风险表可以看出，进入猪场的物资如果处理不当，将会给猪场带来很大风险。

1. 外部物资

需要从猪场外进入到猪场内的物资都属于外部物资。外部物资都需要先运到猪场物资中转站，经物资消毒、ASFV病原检测合格后，方可用猪场自己的物资中转车辆送到猪场。再根据猪场需要，经过规定的生物安全处理程序后，分配到猪场的不同区域使用。

（1）食品。重点在于食材的选取与来源把控。

严禁带入猪肉及其制品（如鲜肉、腊肉、腊肠、风干肉、火腿等）进入猪场。建议猪场定期提供自己场的猪肉产品供猪场厨房使用。

新鲜蔬菜、瓜果等食材在指定地点采购，严禁直接从菜市场采购；最好由可靠的菜农或蔬菜基地直接供应配送，尽量降低采购频率；蔬菜配送到猪场外的物资中转站，在物资消毒室熏蒸12小时后，或者使用消毒水浸泡后用清水清洗干净，经ASFV抗原检测合格后，用猪场自己的物资中转车送到猪场，再进入厨房。蔬菜、瓜果供应商需要由猪场生物安全部长（或组长）协助评估指定。建议有条件的猪场，在猪场外部生活区、内部生活区内，各自找一块地种植蔬菜、瓜果，猪场外部生活区种植的蔬菜、瓜果供应外部生活区的厨房使用，猪场内部生活区种植的蔬菜、瓜果供应内部生活区的厨房使用。

禽类、鱼类等食材，严禁到菜市场、集市或超市购买。可由猪场统一批发冷冻肉品保存，也可由肉禽场等直接供应配送到猪场外的物资中转站，在物资消毒室用消毒水浸泡后用清水清洗干净，经ASFV抗原检测合格后，用猪场自己的物资中转车送到猪场，再进入厨房。此供应商也需要由猪场生物安全部长（或组长）协助评估指定。

（2）疫苗及兽药。

①疫苗：拆掉最外层纸质包装和泡沫箱后，疫苗瓶外表选择合适的消毒方式消毒，经ASFV抗原检测合格后，放入已消毒的中转保温箱，带入猪场生产区药房的冰箱分类保存。

注意：疫苗瓶消毒方式的选择，要根据不同疫苗的保存要求。例如，需要在 2 ～ 8℃条件下保存的疫苗，建议选择喷雾消毒，尽量缩短消毒时间，以防疫苗失效；或者将疫苗瓶浸泡在提前在 2 ～ 8℃条件下预冷的消毒剂里消毒。对于可以常温保存的疫苗，可以采取各种可以常温使用的消毒方式消毒疫苗瓶，如臭氧消毒 30 分钟等。

② 其他常规兽用药品：拆掉外层包装，在臭氧消毒 30 分钟或者消毒剂喷雾消毒或者消毒剂浸泡消毒，经 ASFV 抗原检测合格后，转入猪场生产区药房存放。

具体操作流程如图 4-3 所示。

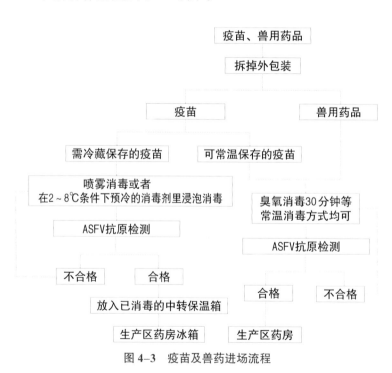

图 4-3　疫苗及兽药进场流程

（3）饲料。选择从经 ASFV 抗原检验合格的正规饲料厂家购买饲料，以保证原料和饲料本身没有被 ASFV 污染。饲料厂家需要由猪场生物安全部长（或组长）协助评估指定。

①饲料中转塔进料：建议有条件的猪场大部分饲料使用饲料中转塔进料、转料。

饲料场的打料车按照猪场生物安全要求进行车辆及人员洗消，然后行驶到靠近猪场饲料中转塔的猪场围墙外的指定位置，驾驶员全程不下车，由猪场工作人员完成饲料场打料车与猪场饲料中转塔之间的连接。打料结束后，饲料场打料车按照猪场规定的路线驶离猪场围墙；猪场工作人员立即对饲料场打料车停靠的位置及途经的猪场周围道路进行彻底洗消。环境洗消完毕后，参与进料及环境消毒的猪场工作人员进入人员洗消室进行人员洗消。

②袋装饲料进料：没有条件建设饲料中转塔的猪场，袋装饲料经猪场外部车辆（外来运送物资的车辆或者猪场自己负责外部采购的车辆）运输到物资中转站，停靠在物资中转站围墙外的物资消毒室的入口处，将猪场购买的袋装饲料卸入物资洗消室。在物资洗消室对袋装饲料的外包装进行彻底洗消，如外包装不密封，则可采用熏蒸（过硫酸氢钾或二氯异氰尿酸钠等）45 分钟的方法进行洗消，熏蒸后静置 14 天以上，经 ASFV 抗原检测合格后，才可以用猪场自己的物资中转车运输到猪场使用。

注意：袋装饲料在熏蒸时，应摆放在底部镂空的架子上，以便对外包装进行全方位的有效洗消；物资中转站、外部车辆、中转车辆使用前后的生物安全要求，已在本书其他章节详细介绍。

（4）快递。做好快递的核实工作，严禁猪肉制品类快递。无论是公司快递，还是员工快递，统一寄送到猪场物资中转站，并依据快递的类型集中在中转站的物资洗消室进行彻底洗消，此项措施在 ASF 疫情高风险期尤为重要。快递在物资中转站的指定位置接收，然后拆掉外包装，放入物资洗消室，进行臭氧消毒 40 分钟，然后放置 24 小时以上，再由猪场中转车辆定期运送至猪场。

（5）其他物资（五金、防护用品、耗材等）。风机、热风炉、料槽、清洗机、消毒机及建筑用的搅拌机等可以水洗的设备，先在物资洗消室用消毒剂喷洒或擦拭表面，然后晾干 24 小时后，经 ASFV 抗原检测合格后，搬入场区使用。

水帘、空气过滤网等不易擦拭或易受腐蚀的设备，可以使用臭氧熏蒸消毒 30 分钟，然后放置 12 小时以上，经 ASFV 抗原检测合格后，搬入场区使用。

需要进入生产区的电脑、相机、背膘仪、电子秤等其他电子产品，臭氧熏蒸消毒 30 分钟，并用 75% 酒精擦拭后，经 ASFV 抗原检测合格后，方可进入猪场生产区。

猪场内不同区域交叉使用的设备，按照不同的分类采用不同的洗消措施充分洗消，经 ASFV 抗原检测合格后，进入指定区域使用。

需要在生产区使用的笔记本、纸张、档案本、记号笔等，在进入生产区之前，需要按照不同的材质在物资洗消室熏蒸消毒 30 分钟，放置 24 小时以上，经 ASFV 抗原检测合格后，放入猪场生产区的物资储藏室备用。

2. 内部物资

（1）进入生产区的食品。进入生产区的饭菜必须是由本场外部生活区的厨房所提供的熟食，生的食材或外带食品禁止进入生产区。

进入生产区的饭菜只能通过食物传递窗进入生产区。饭菜从外部生活区一侧放入食物传递窗后，食物传递窗两侧门自动上锁，并按照设定程序进行至少70℃、30分钟的消毒，消毒程序结束，食物传递窗在生产区一侧的门自动开锁，生产区的人员取出食物在生产区内的食堂就餐。

生产区的人员用餐结束后，餐厨垃圾及餐具经食物传递窗消毒后传送至外部生活区处置。

（2）生产工具、易耗品、防护品。生产工具、易耗品、防护品以圈舍或者生产区为单位储存及使用，严禁在不同圈舍之间交叉使用。

生产工具每天使用后，及时清洗消毒，放在本圈舍指定的地点，晾干备用。

易耗品和废弃物置于本圈舍专用的垃圾桶内。

生产区工人日常使用的防护服、手套、靴子、护目镜、毛巾等防护品，每天使用后都要进行更换，及时清洗消毒，晾干后放到指定位置备用。

生产区使用的精液保温箱、疫苗保温箱等防护品，每次使用后要及时进行清洗消毒，晾干后放到指定位置备用。

（3）疫苗、药品、医疗器械。疫苗、药品、医疗器械从生产区物资储藏室按圈舍领出后，只能单个猪舍使用，严禁交叉使用。

医疗器械，如针头、注射器、输液管等，建议每头猪使用一套，杜绝在不同猪之间交叉使用医疗器械。如非一次性医疗器械，在使用前按照相关产品的消毒要求进行消毒。建议有条件的猪场最好使用一次性医疗器械，使用前要检查一次性医疗器械的包装是否完好无损。

使用后的废弃疫苗瓶、药品包装、一次性医疗器械，要放入指定的医疗废弃物垃圾桶中，集中处理；使用后的非一次性医疗器械，要及时进行彻底清洗和消毒，烘干后放到指定地点备用。

（4）可移动设备。不能做到每栋圈舍独有的仪器设备，如背膘仪、相机等电子产品，在一栋圈舍使用完毕，进入下一栋圈舍使用之前，一定要进行彻底消毒，最好能在消毒后放置24小时以上，再转入下一个圈舍使用。

电子产品臭氧熏蒸30分钟后，用75%酒精擦拭；其他设备喷雾消毒30分钟后使用。

生产区的车辆按照内部车辆生物安全规定操作。

（五）猪只流动

1. 外部引种

首先，对引进种猪进行疫病调查，确定种源的健康状况良好，无重大传染病且生产性能良好。但是，不携带微生物的猪群是不存在的，不同猪场的稳定猪群是在一定程度上达到微生物平衡状态。在引种的过程中，种猪经过长途运输，且进入一个新的环境，由于应激较大，一些病原微生物对猪群的影响就会表现出来。此外，新进种猪对新猪场内的微生物环境也需要提前适应。所以，需要先对新引进的种猪进行严格的隔离与驯化。

（1）隔离。在引种时，防止外来病原进入本场最主要的措施就是隔离。隔离就是将新引进的种猪饲养在隔离场一段时间，监测新进种猪的健康情况，避免将外来病原带入生产区。

隔离场建在距生产区至少 500 米的地方，实行猪群全进全出制，人员专门配置，物资独立运送，引种前隔离场里指定的隔离舍需空栏 15 天左右。外购种猪进入隔离舍前，需要进行彻底的全身清洗消毒。

种猪隔离观察所需时间：外购种猪隔离至少 30 天，原则上时间越长越好。为了防止引进的后备种猪日龄较大而导致驯化时间不足，隔离场所需建立独立的妊娠饲养区。在隔离期间，需要做好隔离场的灭鼠、消毒等工作，防止本场以外的病原微生物侵入。隔离期可通过观察引进种猪的临床症状，放哨兵猪，配合血清学及病原学检测方法监测新进种猪的健康状况。

（2）驯化。驯化是指让新进种猪提前接触场内特定的微生物，逐步适应本场的微生物环境，以及获得正确的疫苗接种。疫苗接种是驯化措施中的一种，针对本场特定病原微生物，对新进种猪采取特定的驯化方案，一般包括呼吸道疾病的驯化、消化道疾病的驯化、繁殖疾病的驯化。

每一种疾病所需的隔离驯化方式各有不同，对于 ASF 而言，首先要确保从 ASF 阴性场引种，而且引种途中使用的车辆干净，确保引种途中没有被 ASFV 污染。新引进种猪进到隔离场后，采集新引进种猪的唾液、血液进行 ASFV 抗原检测，用新引进种猪的血清做 ASF 抗体检测，应该均为阴性。

由于感染较弱毒力 ASFV 的猪，可以在感染后超过 70 天仍排毒，所以新引进的种猪需要在隔离舍隔离饲养 70 天以上。可以在新引进种猪猪群中放入哨兵猪，同期饲养，在隔离期间，定期对新引进种猪及哨兵猪进行 ASFV 抗原、抗体检测，直至隔离期结束，检测结果如均为阴性，则表明新引进种猪群没有感染 ASFV，可以进入猪场生产区正式饲养。

是否能够成功进行隔离与驯化，取决于隔离场的选址是否合理，隔离时间是否充足，疫苗接种的时间和方式是否正确，返饲等驯化措施是否执行到位，血清学及病原学检测方法是否科学。成功的隔离驯化，能够保证新进种猪在进入猪场生产区时，对场内特定的病原微生物既有坚强的抵抗力，又自身不排毒。

2. 内部猪流动

内部猪群流动要求"单向流动"，按照"健康等级高的区域向健康等级低的区域流动"的原则，同一猪场猪群只能从生物安全等级高的区域向生物安全等级低的区域流动。"单向流动"原则的目的是为了避免将病原带入上一级或者更易感的猪群，要求猪群遵照这个原则，按照固定的路线转移，不允许随意更改猪群转移路线，更不能通过各种方式返回猪群。

（1）种猪群。种猪群的流动方向为：产房断奶—配怀舍—妊娠舍—产房，断奶后再次回到配怀舍。返情母猪调整配种后进入下一批次；空怀母猪直接留在配怀舍；流产、炎症母猪评估后，具有价值的及时转入特定区域治疗与护理，否则直接淘汰到肥育舍。

（2）商品猪群。商品猪的流动方向为：产房—保育舍—

育肥舍—出栏。商品猪的流动需要坚持 3 个不允许原则：

①赶出栏舍的猪不允许返回原来的圈舍。

②进入出猪台灰区、脏区的猪不允许回到出猪台的净区。

③已经上了中转车辆的猪不允许再下车。由于猪群的单向流动要求，对于赶出了原来圈舍，但由于一些不可抗拒的因素不能被转走的猪，应当在生产区内远离猪舍的下风向区域（如空闲期的进猪缓冲舍）单独饲养，并由专人进行饲养管理，与病弱猪的隔离有一定的区别。

对于出售不同年龄商品猪的猪场，应该遵守以下原则：

①"先小后大"原则，即同一天出售不同日龄的商品猪时，应当先出售小日龄的仔猪，然后再出售大日龄的商品猪。

②"交易结束，清洗消毒结束"原则，即同一天多批次出售商品猪时，每一笔交易结束都应当对转猪设备、场地进行彻底的清洗与消毒，再进行下一笔交易，尤其是购买方不同的时候。建议有条件的猪场，同一辆中转车辆在同一天内只使用一次，特别是核心场，以留出充足的时间给车辆清洗消毒。

为了避免不同日龄的猪群交叉感染和减少猪群暴露给病原的机会，建议采取"全进全出"的生产管理方式。"全进全出"可以理解为"批次生产"，就是将种母猪群按照设定的时间单位和生产节律分批次配种、分娩与断奶，商品猪分批次保育、育成、育肥及出售。这样，分娩时间相同或相近的母猪，就可以在同一时间进入相同的产房，分娩后，在同一时间断奶并离开产房回到配怀舍；相同日龄的仔猪可以在同一时间断奶，转入保育舍，又在同一时间转入育肥舍，最后在同一时间出售。"批次生产"是实现"全进全出"的基础，可以采用单周批的方式，也可以采用多周批的方式。多周批以"三周批"较为多用，也可以以"天"为单位安排批次生产。

3. 出猪

出猪台、自己猪场的中转车，在出猪前，需要提前清洗、消毒、烘干或者晾干。

使用后要及时清理，并清洗、消毒、晾干备用。

将猪赶上出猪台，进入出猪台灰区的猪严禁掉头再回到净区。

（六）免疫操作

接种疫苗不仅可以降低猪群发生疾病或死亡的风险，也有利于猪的福利。为了给猪只安全地进行免疫操作，应注意以下几点。

第一，免疫接种前要对镊子、针头等非一次性器材进行清洗和消毒，准备好足够的一次性注射器、酒精棉球、免疫接种记录本、笔等。

第二，每只猪使用一支针头或一个一次性注射器，严禁同一支针头或同一个一次性注射器免疫多头猪。

第三，如发现从注射针孔处溢出疫苗、流血，要及时补注，注意补注时要更换针头或使用新的一次性注射器吸取疫苗及补注。

第四，注射前用酒精棉球对注射部位进行消毒，降低病原经针孔传播的风险。

第五，用过的非一次性器械拆开，用清水洗净，煮沸消毒15～20分钟，晾干备用；用过的一次性注射器经消毒处理后，作为医疗废弃物处理。

第六，在产房或保育舍免疫猪只的工作人员，尽量不要上产床或栏舍地板，尽量减少人为污染仔猪和母猪栏舍的机会。可两人配合操作，使用钩子或抓猪器辅助抓取仔猪，抓猪人员均需戴手套、穿鞋套，且保证对每张产床操作时，每名工作人员固定使用一副手套、一副鞋套（图4-4）。

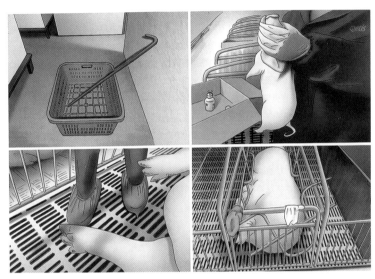

图4-4　产房和保育舍免疫操作生物安全措施
（来自硕腾公司）

（七）配种管理

1. 外购精液的生物安全管理

对于需要外购精液的猪场，每次外购精液前，均需要由供精方提供所用公猪的健康情况表和精液相关病原检测报告（表表4-4），且由供精方签字确认，以保证供精公猪健康，所采精液的相关病原检测结果为阴性。

表4-4　公猪健康情况及精液病原检测报告参考格式

检测类别	检测项目	检测结果
公猪	日龄	***
	体况	***
	饲喂/营养	***
	跛行/疾病	无
	阴茎问题	无
	采精前体温	***
公猪	相关抗体检测是否合格（如 PRRS、PR、CSF、ASF 等）	合格
	相关病原检测是否合格（如 PRRSV、PRV、CSFV、ASFV 等）	合格
	其他问题	无
	总体健康评估	健康
精液	外观	***
	数量/密度	***
	相关病原检测是否合格（如 PRRSV、PRV、CSFV、ASFV 等）	合格
	其他问题	无
	总体情况评估	合格

　　运送精液的车辆按照本书"场外运输物资车辆管理"要求进行洗消后，将精液送至物资中转站，在物资中转站的物资洗消室里对精液的外包装进行彻底洗消，经 ASFV 抗原检测合格后，用本场的中转车辆，按照猪场指定路线运送到猪场；经过外部生活区、生产区的两道物资洗消室，对保温箱的外表再次进行洗消，经 ASFV 抗原检验合格后，进入生产区的精液处理室妥善保存或者直接送到配怀舍使用。

2. 内部采精的生物安全管理

对于采用本场种公猪精液供精的猪场，为防止在采精过程中有污物掉落到采精杯里，应该采取一系列生物安全措施：

在种公猪进入采精室前，需要确保采精室干净卫生、假畜台经过彻底的洗消及干燥。

如果种公猪体表的脏污较多，需要提前对种公猪体表进行清洗并擦干水渍。

采精前，用清水清洗种公猪包皮口的脏物；按摩阴茎鞘，排空包皮内的积液；用一次性纸巾清洁包皮区域。

种公猪射精时，需要丢弃开始和最后射出的精液，以降低病原污染精液的概率。

采精前，采精员需要提前更换好干净的防护服，消毒手臂，佩戴口罩，避免唾液污染精液，佩戴双层一次性无菌乙烯基塑胶手套，外层手套用于关门、移动公猪以及刺激阴茎，内层干净的手套用于采精。

采精用品，如采精杯、无菌袋、塑料杯、纱布、滤纸、精液分装瓶、恒温箱、运输箱等，都需要提前彻底洗消、干燥，且 ASFV 抗原检测为阴性。纱布和滤纸使用完毕，需要丢弃在采精室内的指定垃圾桶内集中处理，不可以带进精液处理室。

采精室和精液处理室建议安装空气过滤系统，以防止气溶胶或者粉尘对精液造成污染。

精液处理室内建议配置超净工作台或者生物安全柜，在超净工作台或者生物安全柜中对采集的精液进行操作，避免污染。

精液放置到消毒处理好的保温箱或恒温箱后，按照指定路线配发至配怀舍使用。

采精和精液处理结束后，要对采精环境、精液处理环境进行彻底洗消，并晾干备用。

（八）弱猪、异常猪、病死猪管理

1. 弱猪

饲养员要随时观察猪只情况，发现较弱的猪，而非病猪，及时向本舍生产负责人及生物安全负责人汇报，立即转移至本舍的弱猪护理圈中饲养，以减少经济损失。在转移的过程中，应注意以下几点。

① 使用本舍内部专用的转移工具，如手推车等。

② 转移工具在使用前后要在本舍指定的工具消毒间彻底洗消，并晾干。

③ 在抓、赶弱猪时，动作轻盈，尽量减少猪只特别是弱猪的应激。

④ 弱猪进入弱猪护理圈后，饲养员给予更多的动物福利，可根据需要适当增加饲料营养或添加饲料添加物，减少应激，提高生产效率。

⑤ 如果将原属于不同猪群的几头弱猪同期赶入同一个弱猪护理圈中，要注意观察弱猪混群后的情况，避免猪只争斗引起更大的应激。

⑥ 弱猪体质较弱，转入弱猪护理圈，护理一段时间后，即便生长情况好转，也尽量避免再次混入原来的群或者其他群饲养，尽量维持现群饲养直至出栏。

⑦ 弱猪护理圈使用前后，要经过彻底洗消，并晾干。

2. 异常猪

饲养员要随时观察猪只情况，发现异常猪只，要第一时间向本舍生产负责人、兽医及生物安全负责人汇报，并根据异常情况采集样品送实验室检测。对于确诊患病的猪只，根据疫病种类判断去留。如为危害猪群的传染病（如 ASF），要立即按照病死猪进行无害化处理，并对周围环境进行彻底洗消，对同圈、临圈猪只进行密切观察；如为一般疾病猪只，要转移到同舍的异常猪隔离圈中单独饲养，进行康复治疗，减少经济损失。转移病猪到同舍的异常猪隔离圈时，应注意以下几点。

① 使用本舍内部专用的转移工具，如手推车等。

② 转移工具在使用前后要在本舍指定的工具消毒间彻底洗消、晾干，并对被转运病猪所携带的病原进行检测，结果应为阴性。

③ 在抓、赶病猪时，动作准确，尽量避免病猪接触到其他健康猪只。

④ 直接将病猪赶上转移工具，避免病猪在转移过程中接触舍内地面或其他环境设施；如有接触，必须进行彻底洗消，并经特定病原检测合格，以确保环境未被污染。

⑤ 病猪在异常猪隔离圈中治疗后，如病症有所改善，也不能再次混入猪群，达到出售标准后尽快出售；如治疗后病症没有好转，无继续饲养价值，建议尽快作为病死猪进行无害化处理。

⑥ 异常猪隔离圈在使用前后，要经过彻底的洗消、晾干，且保证特定病原检测结果为阴性。

3. 病死猪无害化处理

经猪场兽医确认应当立即进行无害化处理的病猪或者病死猪，要立即用运送病死猪的专用车辆将需处理猪送去进行无害化处理。在转运过程中要注意以下几点。

① 拖运病死猪的道路、工具、焚烧炉外部与病猪接触过的地方要及时进行彻底洗消，避免对场区造成污染。

② 拖运病死猪的车辆要封闭，避免病死猪的血液、排泄物、分泌物在转运过程中散落。

③ 拖运病死猪的道路尽量不与其他道路交叉。

④ 除全场猪死亡清场外，病死猪由本场专用车辆运到猪场外，严禁场外车辆、人员进入生产区运送病死猪，尤其是保险公司的车辆及人员。

⑤ 非必要情况尽量不要对病死猪进行剖检，如需解剖，需在指定地点，并避免病猪解剖物污染环境；解剖后应立即对接触的人员、场地、工具等进行彻底洗消，对剖检尸体进行无害化处理。

（九）污物处理

猪场垃圾分为生活垃圾和生产垃圾。猪场生活垃圾按照垃圾分类原则，分为4类：厨余垃圾、可回收物、有害垃圾、其他垃圾。猪场生产垃圾主要是医疗废物（包括医疗废液）、粪污、污水等。应该分开收集，分类处理，并着重加强生物安全管理。

1. 污物管理原则

猪场污物管理应遵循以下生物安全管理原则：

① 在污物处理过程中，防止猪场各区域交叉污染。

② 猪场各区域有明显的污物存放地标识，污物只能在各区域指定的脏区存放。

③ 各类污物有指定的运输路线，避免道路交叉。

④ 各类污物有明确的运输人员、运输车辆、处理地点、处理程序、处理人员，不能混用。

⑤ 污物处理管理制度规定有明确的污物处理时间，必须在规定的时间内对污物进行及时处理，防止污物滋生蚊、蝇。

⑥ 污物堆放处要注意盖好垃圾桶上盖，防止鸟类或动物接触，以免污物污染周围环境。

⑦ 做好猪场及其附近区域的雨污分离，严防洪水冲散污物和猪粪，或洪水倒灌污染猪场。

2. 生活垃圾管理

猪场生活垃圾按照垃圾分类原则，分为四类：厨余垃圾、可回收物、有害垃圾、其他垃圾。猪场在办公区、外部生活区、生产区，分别设立这四类垃圾的垃圾桶，并在垃圾桶上注明收集类别。注意：垃圾桶上盖注意随时关闭，避免污染环境；垃圾桶置于通风阴凉处，避免阳光暴晒；垃圾桶内放置大小适宜的不漏水垃圾袋；不同类别的垃圾用不同颜色的垃圾桶和垃圾袋加以区分。分类后的垃圾，处理方式如下。

（1）厨余垃圾。厨余垃圾指易腐烂的、含有机质的生活垃圾。如，菜帮菜叶、剩菜剩饭、过期食品、瓜果皮壳、鱼骨鱼刺、鸡蛋及鸡蛋壳、残枝落叶、茶叶渣等。

生产区的厨余垃圾每餐过后连同餐具一起通过食品传递窗传递回外部生活区处理；办公区的厨余垃圾每餐过后集中运到外部生活区集中处理。每日晚饭后，外部生活区处理厨余垃圾的人员将一天的厨余垃圾集中煮沸 30 分钟后，用不漏液的垃圾袋装好，放在指定地点等待拖运。严禁用潲水饲喂本场或外场猪只。

（2）可回收物。可回收物指适宜回收和资源利用的物品。例如，废玻璃、废纸张、废塑料瓶（盆、桶等塑料制品）、废弃电器电子产品等。

生产区产生的可回收物数量有限，可集中置于生产区可回收物垃圾桶内，每周通过物资洗消室将垃圾袋外表洗消后，传递到外部生活区，放在指定位置等待拖运。外部生活区和办公区产生的可回收垃圾较多，建议每天及时处理。

（3）有害垃圾。有害垃圾指对人体健康或自然环境可能造成直接或潜在危害的生活垃圾。例如，充电电池、废含汞荧光灯管、过期药品及其包装物、油漆桶、血压计、废水银温度计、杀虫喷雾罐、废 X 光片等感光胶片等。

生产区产生的有害物数量有限，可集中置于生产区有害垃圾桶内，每周通过物资洗消室将垃圾袋外表洗消后，传递到外部生活区，放在指定位置等待拖运。外部生活区和办公区产生的有害垃圾，建议每周及时处理。

（4）其他垃圾。其他垃圾指不能归类于以上 3 类的生活垃圾。例如，食品袋、大棒骨、创可贴、污损塑料袋、烟蒂、陶瓷碎片、餐巾纸、妇女卫生用品等。

生产区产生的其他垃圾可集中置于生产区其他垃圾桶内，每天通过物资洗消室将垃圾袋外表洗消后，传递到外部生活区，放在指定位置等待拖运。外部生活区和办公区产生的其他垃圾每天及时处理。

猪场外部生活区、办公区分别指定 1 名保洁员，负责每天按时将摆放在外部生活区、办公区的分类垃圾用外部生活区、办公区专用的车辆，拖运到猪场门卫处，由门卫分类放到猪场围墙外指定的位置。

猪场围墙外，由猪场指定的外部保洁人员，使用猪场中转垃圾的专用车辆，将垃圾拖运到物资中转站；然后使用猪场自己的外部车辆，将各类垃圾送到社会垃圾处理处分类处理，或者由处理垃圾的社会机构车辆按照猪场规定的时间和路线，到猪场物资中转站将垃圾分类运走并处理。

3. 医疗废物管理

猪场医疗废物是指猪场兽医在医疗、预防、保健以及其他相关活动中产生的具有直接或者间接感染性、毒性以及其他危害性的废物。常见的猪场医疗废物有废弃的药瓶、疫苗瓶、一次性无菌注射器、一次性无菌输液器、一次性手套、一次性防护服、一次性鞋套、酒精棉球、止血棉球、棉签、拭子、注射针头、手术刀、手术剪、止血钳、其他生产用具、医疗废液等。应按照国务院令第 380 号《医疗废物管理条例》的规定，分类回收，及时处理。

猪场应当建立、健全医疗废物管理责任制，法定代表人为第一责任人，切实履行职责，防止因医疗废物导致传染病传播和环境污染事故。猪场应当制定与医疗废物安全处置有关的规章制度和在发生意外事故时的应急方案，设置生物安全小组作为医疗废物管理监控部门，设置猪场兽医负责人为医疗废物管理专职人员，负责检查、督促、落实猪场医疗废物的管理工作。

猪场医疗废物管理专职人员，应当对猪场从事医疗废物收集、运送等工作的人员，进行相关法律和专业技术、安全防护以及紧急处理等知识的培训；对医疗废物进行登记，登记内容应当包括医疗废物的来源、种类、重量或者数量、交接时间、处置方法、最终去向以及经办人签名等项目，登记资料至少保存3年。

猪场兽医负责每天及时收集本猪场产生的医疗废物，按类别分置于专用包装物或容器内（利器放入利器盒内，非利器放入包装袋内，医疗废液放到密封瓶内），确保包装物或容器无破损、渗漏和其他缺陷，并置于存放医疗废物专用的黄色垃圾桶内。

猪场设有专门存放医疗废物的专用黄色垃圾桶，桶盖上应该有明显的"医疗废物"字样，黄色垃圾桶桶体上有明显的"医疗废物"警示标识和警示说明；桶内部，要放有防渗漏的黄色垃圾袋，废物盛放不能过满，多于3/4时就应封口，封口紧实严密。医疗废物专用垃圾桶应当远离猪舍、人员活动区以及生活垃圾存放场所，并设置明显的警示标识，防止其他人员接触或误用，不得露天存放，并设专人负责管理，定期清洗消毒（图4-5）。

猪场医疗废物管理专职人员定期联系医疗废物集中处置单位将猪场医疗废物运走处置。猪场医疗废物用猪场指定的车辆运送，运送医疗废物的车辆应该防渗漏、防遗撒、无锐利边角、易于装卸和清洁、有专用医疗废物标识，按照猪场指定的路线行驶到距猪场1千米以外的指定地点，将猪场医疗废物转移到医疗废物集中处置单位的车上。运送时防止流失、泄露、

图4-5　医疗废物专用垃圾桶

扩散和直接接触身体。运送完毕，猪场运送医疗废物的人员、车辆直接行驶到二级洗消点进行彻底洗消。

禁止在运送过程中丢弃医疗废物；禁止在非贮存地点倾倒、堆放医疗废物或者将医疗废物混入其他废物和生活垃圾中。

国务院令第380号《医疗废物管理条例》规定，县级以上地方人民政府都应该组建医疗废物集中处置设施。不具备集中处置医疗废物条件的农村，猪场应当按照县级人民政府卫生行政主管部门、环境保护行政主管部门的要求，自行就地处置其产生的医疗废物。自行处置医疗废物的，应当符合下列基本要求。

一是使用完后废弃的疫苗瓶和针头应用消毒水浸泡消毒；使用后的一次性医疗器具和容易致人损伤的医疗废物，应当消毒并作毁形处理。

二是能够焚烧的，应当及时焚烧，焚烧后的产物可以深埋。

三是不能焚烧的，消毒后集中填埋。

四是猪场产生的医疗废液、病猪分泌物及排泄物，应当按照国家规定严格消毒；达到国家规定的排放标准后，方可排入污水处理系统。

注意个人防护，如被医疗废物刺破皮肤，要及时用酒精棉球处理伤口，用大量清水冲洗，并根据受伤程度及时就医。

发生医疗废物流失、泄露、扩散或意外事故时，应在 48 小时内及时上报卫生行政主管部门；导致传染病发生时，按有关规定报告，并进行紧急处理。

4.粪污管理

（1）规模猪场粪污处理方式。猪场粪污通常有 2 种利用方式，一种用作肥料，另一种作为能源物质，如生产沼气等。尿和污水经净化处理后作为水资源或肥料重新利用，如用于农田灌溉或鱼塘施肥。猪场不同的清粪工艺，对粪污的后处理影响较大，采用粪尿分离方式，污水量小，粪含水量较低，粪和污水都易处理；采用水冲清粪或粪尿混合方式，污水量大，粪污稀，需经固液分离后，再分别处理，处理难度大。

农业部 2018 年 1 月 11 日印发的《畜禽规模养殖场粪污资源化利用设施建设规范（试行）》要求：规模养殖场宜采用干清粪工艺。采用水泡粪工艺的，要控制用水量，减少粪污产生总量。鼓励水冲粪工艺改造为干清粪或水泡粪。不同畜种不同清粪工艺最高允许排水量按照《畜禽养殖业污染物排放标准》（GB 18596—2001）执行。根据环保部《建设项目环境影响评价分类管理名录》(已于 2008 年 8 月 15 日修订通过，自 2008 年 10 月 1 日起施行)，养猪场废水属于工业污水，必须经过处理达标后才能排放、循环使用或者农田灌溉。

规模养殖场干清粪或固液分离后的固体粪便可采用堆肥、沤肥、生产垫料等方式进行处理利用。固体粪便堆肥(生产垫料)宜采用条垛式、槽式、发酵仓、强制通风静态垛等好氧工艺，或其他适用技术。

规模养殖场液体或全量粪污可通过氧化塘、沉淀池、异位发酵床、完全混合式厌氧反应器(CSTR)、上流式厌氧污泥床反应器(UASB)等进行无害化处理。

规模养殖场也可以委托第三方处理机构对畜禽粪污代为综合利用和无害化处理，可不自行建设综合利用和无害化处理设施。

(2)粪污生物安全管理原则。无论以上哪种方式处理粪污，都应该遵循以下生物安全管理原则。

① 严禁使用新鲜粪污在生产区施肥种菜，必须经过发酵制成有机肥才能使用，以免粪便中的病原微生物污染生产区。

② 规模养殖场应建设雨污分离设施，污水宜采用暗沟或管道输送，避免暴雨倒灌入猪场。

③ 规模养殖场应及时对粪污进行收集、贮存、集中堆放，严禁乱堆乱放；粪污暂存池(场)以及固体粪便、污水和沼液的贮存设施应满足防渗、防雨、防溢流等要求；粪污暂存池(场)里储存的猪粪总量建议不要超过池高的 2/3；每周对粪污暂存池(场)的周围进行 2 次消毒。

④ 严禁外来车辆靠近猪场，用猪场自己的专业吸粪车在

猪场围墙外吸取并转移粪污；猪场吸粪车及人员每次运输粪污前后，都要在猪场指定的二级洗消点进行彻底的洗消，并且按照猪场规定的路线行驶；吸粪车每次转移粪污后，经过的猪场附近路面需要进行彻底的消毒，以免漏粪污染净区。

⑤ 建议各猪舍的粪尿由管道输入粪污暂存池（场），如果需要在生产区用车辆转运猪粪，则需要使用每栋猪舍自己的专用车辆和工具，车体密封性好，各猪舍之间运输猪粪的道路不交叉；在粪污暂存池（场）与猪舍之间设有清洗和消毒点，车辆和工具必须经清洗消毒后才可进入猪舍；每次运输完毕，及时对车辆所经过的道路进行清洗消毒。

⑥ 干湿分离后的干粪，在发酵棚经发酵制成有机肥后，如发酵棚建在生产区内，则需要将发酵好的有机肥装在密封袋里，经出猪台转移到猪场围墙外，再用猪场自己的专用车辆运输至物资中转站，进行销售或施肥。外来购买有机肥的车辆和人员，必须严格执行猪场规定的生物安全流程后，方可在猪场指定的地点装车；外来车辆装车完成离开后，猪场及时对装车点周围以及 50 米内的道路进行清洗消毒。

⑦ 猪场的污水处理场需要建立围墙，与生产区分开管理。猪场污水处理场进门处需要设立洗消设施，污水处理场工作人员进出需要清洗水鞋，并踏过消毒池进行鞋底消毒。

第五章

猪场生物安全体系的监测

一、采样

监测是防控动物疫病的基础，是制定防控建设的一级依据。为及早进行对 ASFV 的筛查，避免猪场猪只受到病毒感染，猪场需要对猪场进行监测。2019 年 4 月，农业农村部发布《关于加强养殖环节 ASF 疫情排查的通知》，鼓励规模猪场和种猪场开展 ASF 自检。当前 ASF 疫情严峻，定期对猪场的环境、车辆、人员、物资、猪只、精液进行 ASFV 核酸检测，可以及时发现 ASF 疫情隐患，有效切断病原传播途径，为 ASF 防控决策提供科学依据。

（一）活猪采集

ASF 是一种缓慢传播的接触性感染性疾病，从窗口期感染到全身性感染（病毒血症）需要具备一定的条件，较长的窗口期呈现也为净化 ASF 提供了防控时机。其中，唾液学的 ASFV 检测是实现早期净化的重要方法之一，建议推广使用。

口腔内局部感染阶段也是 ASF 窗口期检测的重要时机，是实现传染病控制原则"早、快、严、小"的重要保证。探索 ASF 唾液学检测方法具有重要的科学指导意义和生产实践意义。

自然感染实验结果显示，ASF 自然感染情况下，唾液可以早于血液 3～20 天检测出 ASFV，便于早期筛查。猪群一旦出现不吃料、减料、轻微发热等疑似发病症状，可立即采集猪的唾液或者唾液与鼻拭子混合样检测，有助于疫情的提早发现。

如果在血液中检测到了 ASFV，说明猪场很有可能已经较大面积感染 ASFV。因此，建议在无症状猪群定期排查时使用唾液作为检测对象。

1. 唾液样本的采集

获得新鲜的唾液样本是准确诊断的前提条件之一。现行的鼻拭子采样、口腔拭子采样以及肛门拭子采样存在样本陈旧、样本容易干燥、漏检率高等问题，已被逐渐淘汰。

2. 唾液样本中的病原半衰期

唾液中含有丰富的具备活性的酶。机体健康状态不同，酶的含量也千差万别，从而导致唾液中的病原体半衰期长短不一，对于 ASFV 来说，长者 2～3 天，短者 1～2 小时不等。病原半衰期的存在是导致唾液学 ASFV 漏检率稍高的重要因素之一。

3. 唾液样本的核酸保护

采集唾液样本之前加入适量的样本保护剂，可以延长病原半衰期。加入样本保护剂的唾液样本 Ct 值在 25～30 之间，未加保护液的唾液样本 Ct 值往往在 32 以上，造成假阴性。所以，建议有条件的猪场，如果要送样检测，建议在唾液样本中加入适量的样本保护剂，以防在运输过程中病毒 DNA 降解。注意：含有保护液的唾液样本可以冷藏或者冷冻运输及保存；

没有加保护液的唾液样品严禁冷冻，只能冷藏运输及保存。

4. 唾液样本的检测要求

采集的唾液样本要求清亮、透明，不含有食物残渣，故采样之前的停食至关重要。原则上要求停食 12 小时以上，正常饮水。例如，晚上 8 时吃完料开始计算停食时间，正常饮水，到第二天早上 8 时即可以采集唾液样品。含有保护液的唾液中的核酸可以采用浓集法检测，即离心唾液，试管底部取样。

5. 唾液样本检测对试剂盒的要求

由于口腔内的 ASFV 感染往往处于初始阶段，病原核酸含量相对较低，所以对 ASFV 核酸检测试剂盒的敏感性要求较高，要求尽量能够实现单拷贝检测。早期检测唾液样本，荧光定量 PCR 检测方法敏感、更合适。

6. 阳性结果处置

对于唾液检测中 ASF 阳性结果（+），存在两种处置方案：一是严格剔除（"拔牙"）阳性猪只，实现净化生产；二是控制阳性猪群的移动，尝试实施早期带毒生产（局部感染而非病毒血症），最终实现净化生产。

很多养猪科技工作者把带毒生产简单理解为血液中可以带毒是非常危险的，也是绝对禁止的。只有控制局部感染才有净化猪群，消除病毒携带状态的可能性。

（二）猪群采样

1. 唾液采集包采样

采集的唾液样本要求清亮、透明，不含有食物残渣，故采样之前的停食至关重要。原则上要求停食 12 小时以上，正常饮水。例如，晚上 8 时吃完料开始计算停食时间，正常饮水，到第二天早上 8 时即可用唾液采集包采集唾液样本。

　　将无菌唾液采集包的棉绳系于猪前方栏杆上，注意远离猪排便区。唾液采集包悬挂高度与猪头部同高即可。单只猪采样时，让单只猪自行咀嚼 3 分钟左右即可取下唾液采集包（图5-1）；猪群采样时，任猪群咀嚼 30～60 分钟后，取下唾液采集包，采集时注意观察，确保每只猪都咀嚼过唾液采集包。装于封口袋中，做好标记。加冰块低温保存，尽快送检。

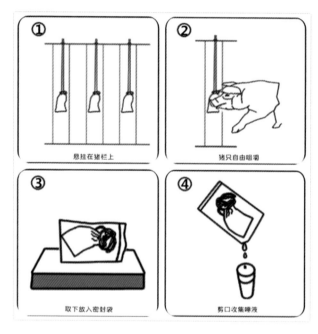

图 5-1　猪唾液采集包采样

（此图引自 https://image.baidu.com/search/detail?ct=503316480）

　　样本如需长途运输送检，则采样前先在无菌 EP 管中加入

0.5～1 毫升样本保护剂，采样后立即在封口袋中将唾液采集包中的新鲜唾液挤出，取与样本保护剂等量的唾液加入 EP 管中，立即颠倒混匀，避免运输过程中 DNA 降解，做好标记。加冰块低温保存，尽快送检。含有保护液的唾液中的核酸可以采用浓集法检测，即离心唾液，试管底部取样。

2. 口鼻拭子采集

该方法采样方便，对猪损伤小。但如果鼻拭子不好操作或者猪应激比较大，可以只采集唾液样本。

将无菌长棉签插入猪鼻孔中，停留 5 秒钟左右，当棉签充分浸润后拔出。将同一根棉签插入猪口腔中，任猪咀嚼 5 秒钟后拔出，装入管套中。做好标记。加冰块低温保存，尽快送检。

样本如需长途运输送检，则采样前先在无菌 EP 管中加入适量的样本保护剂，采样后立即将棉签头折断，放在含有样本保护剂的 EP 管中，样本保护剂的量以将整个棉签头浸泡其中为准，避免运输过程中 DNA 降解。做好标记，加冰块低温保存，尽快送检。含有保护液的唾液中的核酸可以采用浓集法检测，即离心唾液，试管底部取样。

3. 口腔棉拭子采样

采样人员手持无菌口腔棉拭子，伸至猪口腔让其咀嚼，直至海绵头吸到一定量的唾液样本，保存棉拭子于封口袋中。做好标记，加冰块低温保存，尽快送检。

样本如需长途运输送检，则采样前先在无菌 EP 管中加入适量的样本保护剂，采样后立即将棉签头折断，放在含有样本保护剂的 EP 管中，样本保护剂的量以将整个棉签头浸泡其中为准（或者采样后立即在封口袋中将口腔棉拭子中的新鲜唾液挤出，取与样本保护剂等量的唾液样本加入 EP 管中，立即颠倒混匀），避免运输过程中 DNA 降解。做好标记。加冰块低温保存，尽快送检。

4. 血液采样

血液是 PCR 检测和病毒分离的目标样品。用荧光定量 PCR 法做 ASF 的病原学检测建议采集全血。

（1）全血。使用含有抗凝血剂（乙二胺四乙酸，EDTA）的无菌管（真空采血管）从颈静脉、下腔静脉或耳静脉抽取全血 3 ～ 5 毫升。如果动物已经死亡，可以从心脏中采血，但必须立即进行。做好标记，加冰块低温保存，尽快送检。

注意：避免使用肝素抗凝，因为其可以抑制 PCR 反应，造成假阴性。

（2）血清。使用未加抗凝剂的真空采血管从颈静脉、下腔静脉、耳缘静脉，或剖检过程收集血液样本 3 ～ 5 毫升。做好标记，加冰块低温保存，尽快送检。

返回实验室后，血液样本在室温放置 30 ～ 60 分钟，让其自发完全凝集；或 3 000r 转 / 分，离心 5 ～ 10 分钟，收集血清。血清可立即进行抗体和病毒检测，或置于 –70℃以下储存备用。对于抗体检测，储存在 –20℃即可；但是对于病毒检测，最好存于更低温度。

5. 组织样品采样

虽然猪所有的组织都可以用来检测 ASF 病原，但首选目标组织是脾脏，其次是淋巴结、扁桃体、肾脏、肝脏等。做好标记。将样本保存在 4℃条件下，尽快（48 小时内）低温运输到实验室。如果不能马上送实验室，可将样本临时保存在 –20℃条件下。运输时注意加冰块低温运输。样本到达检测实验室后，–70℃保存。

6. 采样注意事项

第一，采样前做好个人防护，准备好无菌采样用具。

第二，采样中避免样本之间交叉污染。采样人员特别要注意避免无意中通过手套等采样防护物品造成样本交叉污染。

第三，采样后样本加冰块低温保存，尽快送检。采样人员及采样工具要及时彻底消毒处理，避免污染环境。

（三）环境采样

1. 采样工具

采样管内添加 0.5～1 毫升无菌生理盐水备用。准备无菌棉签、无菌吸管等工具。

固体表面采样：将无菌棉签在环境表面擦拭，放入无菌生理盐水中洗脱备用。

环境液体采样：取无菌吸管，吸取液体样品 0.1～0.2 毫升，滴入采样管混匀备用。

2. 环境采样点的选择

针对容易接触到猪场外部环境的地方，如猪场大门口、运猪台、人员进出通道等，需要经常性消毒，定期抽取环境样本进行荧光定量 PCR 检测。

（1）猪场内环境。

① 猪舍内：

走（过道）：猪舍入口处 + 过道中不易清洗处 + 凹凸不平处，环境拭子多点采样。

猪栏地面：栏内四角和中央位置共 5 个点（包括采样点的地板缝隙），环境拭子多点采样。

猪栏栏杆：栏杆底部不易清洗处，环境拭子多点采样。

料槽、水槽：环境拭子多点采样，包括底部凹处不易清洁点，饲料下料口处。

水嘴：多个环境拭子多点采样。

风机：多个出风口风机环境拭子多点采样。

水帘：选取靠猪或赶猪通道较近的水帘环境拭子多点采样。

墙壁：选取靠猪或赶猪通道较近的，以及有破损处、清洗死角的多点环境拭子多点采样。

生产工具：取还没有丢掉的铁锹、扫把、赶猪挡板等做环境拭子多点采样。

走廊温控器：表面及内部人员可触碰的点做环境拭子多点采样。

粪沟：粪沟四角和中央共 5 个点做环境拭子多点采样。

②猪舍外：

赶猪道 / 猪道：采集赶猪道地面及两侧壁不易清洁处，环境拭子多点采样。

赶猪道 / 人道：采集人走过道地面及两侧壁不易清洁处，环境拭子多点采样。

道路：选取场内净道污道交叉处做环境拭子多点采样。

场内卡 / 铲车：驾驶室脚踏板、上车脚踏板、轮胎、底盘、车厢四个角、车厢后挡板、铲斗正面及背面，环境拭子采样。

猪只处死点：周边地面、墙壁及设备做环境拭子多点采样。

场内掩埋点：掩埋点及周边多点采集少量没有沾到生石灰的土壤，加样品保护液，离心取上清液做检测。

③出猪台：

脏净区交界处：环境拭子多点采样。

脏区侧壁、地面：环境拭子多点采样。

净区侧壁、地面：环境拭子多点采样。

赶猪工具、挡板：环境拭子多点采样。

④药房、仓库：

地面：环境拭子多点采样。

表面：环境拭子多点采样。

⑤饲料塔：

下料口纱布：多个下料口处的纱布用 10～20 毫升生理盐水沾取洗涤后，取 1 毫升加入样品保护液中；或用环境拭子在多个下料口纱布上做样品采集。

饲料堆放点：环境拭子多点采样。

⑥水源：水源储藏处、水井、河水或其他水源处分别取 1 毫升样品到样品保护液中。

⑦冲凉房、猪舍 / 生产区 / 门卫：

脏区：淋浴室入口地面、衣橱柜、换鞋处，环境拭子多点采样。

净区：淋浴室出口地面、衣橱柜、换鞋处，环境拭子多点采样。

灰区：地面环境拭子多点采样。

（2）猪场外环境。

① 大门口：在车辆入场处路面环境拭子多点采样。

② 公路：在猪场门口车辆（特别是拉猪车）频繁来往的路面上做环境拭子多点采样。

③ 消毒点：路面：净区、污区以及交叉处做环境拭子多点采样。

洗消工具：高压水枪等做环境拭子多点采样。

④ 门卫：

消毒脚垫：环境拭子多点采样。

换鞋处：环境拭子多点采样。

人员登记处：环境拭子多点采样。

物品消毒间：堆叠物品处、架子、地板环境拭子多点采样。

⑤ 停车场：采集与轮胎接触的地面，环境拭子多点采样。

⑥ 办公室：地面、桌面环境拭子多点采样。

（四）人员采样

手、头发：拭子刮取采样。

衣服：未清洗或清洗不干净的衣服做环境拭子多点采样。

靴子：底部环境拭子多点采样。

（五）物资采样

物品：表面、内部，环境拭子多点采样。

饲料：表层、中间，环境拭子多点采样。

（六）疫情报告与确认

猪场发现生猪、野猪异常死亡等情况，应立即向当地畜牧兽医主管部门、动物卫生监督机构或动物疫病预防控制机构报告。

县级以上动物疫病预防控制机构接到报告后，根据 ASF 诊断规范判断，符合可疑病例标准的，应判定为可疑疫情，并及时采样组织开展检测。检测结果为阳性的，应判定为疑似疫情；省级动物疫病预防控制机构实验室检测为阳性的，应判定为确诊疫情。相关单位在开展疫情报告、调查以及样品采集、送检、检测等工作时，要及时做好记录备查。

省级动物疫病预防控制机构确诊后，应将疫情信息按快报要求报中国动物疫病预防控制中心，将病料样品和流行病学调查等背景信息送中国动物卫生与流行病学中心备份。中国动物疫病预防控制中心按程序将有关信息报农业农村部。

常规监测发现养殖场样品阳性的，应立即隔离观察，开展紧急流行病学调查并及时采取相应处置措施。该阳性猪群过去21 天内出现异常死亡、经省级复核仍呈病原学或血清学阳性的，按疫情处置。过去 21 天内无异常死亡、经省级复核仍呈病原学或血清学阳性的，应扑杀阳性猪及其同群猪，并采集样品送中国动物卫生与流行病学中心复核；对其余猪群持续隔离观察 21 天，对无异常情况且检测阴性的猪，可就近屠宰或继续饲养。对检测阳性的信息，应按要求快报至中国动物疫病预防控制中心。

（七）ASF 样品的采集、运输与保存要求

可采集发病动物或同群动物的血清样品和病原学样品，病原学样品主要包括抗凝血、脾脏、扁桃体、淋巴结、肾脏和骨髓等。如环境中存在钝缘软蜱，也应一并采集。

样品的包装和运输应符合农业农村部《高致病性动物病原

微生物菌（毒）种或者样本运输包装规范》等规定。规范填写采样登记表，采集的样品应在冷藏密封状态下运输到相关实验室。

在饲料及其添加剂、猪相关产品检出阳性样品的，应立即封存，经评估有疫情传播风险的，对封存的相关饲料及其添加剂、猪相关产品予以销毁。

二、检测方法

目前，我国 ASFV 检测主要采用三类方法：荧光定量 PCR 方法、核酸等温扩增技术和快速检测试纸条。

（一）荧光定量 PCR 方法

1. 优缺点

荧光定量 PCR 方法可以从低微含毒量样本中扩增病毒特异性核酸片段，实现对 ASFV 的准确检测。该方法的优点明显，敏感度高、准确率高，可用于环境样本的检测，也可多样品混合检测。但是同时其缺点也明显，操作复杂、成本高，需要配备专业人士和专业设备，花费时间也比较长，单个样本的检测时间超过 1 个小时；如果操作失误，对检测结果影响大，同时有可能造成检测实验室污染。

由于荧光定量 PCR 检测设备条件的限制，一般只鼓励具备一定规模的猪场配置，进行日常筛查工作。农业农村部也鼓励规模猪场、种猪场配置检测仪器设备，规范使用经农业农村部批准或经中国动物疫病预防控制中心比对符合要求的检测方法，自行开展 ASF 检测，提高排查工作的针对性和有效性。

2. 检测操作规程

荧光定量 PCR 检测试验可参考生物安全二级或以上实验室要求开展。操作人员做好个人生物安全防护，熟悉并掌握生物安全操作规范。实验全程做好消毒工作，并妥善处置实验废弃物。

待检样本送抵实验室后，送样人员遵循正确的提交程序，与实验室工作人员进行待检样本交接并登记。整个检测流程可分为 3 步：第一步，主反应混合液制备；第二步，待检样品制备；第三步，荧光定量 PCR 扩增及结果判定。

（1）第一步，主反应混合液制备。检测时应选择 OIE 或国家标准规定的检测方法；若使用商品化诊断试剂，应选用经农业农村部验证和推荐的 ASF 诊断试剂盒产品。主反应混合液制备建议在超净工作台中进行。在灭菌的 1.5 毫升离心管中，制备符合试验检测样本数量的 PCR 反应混合物，一般额外制备 1～2 个反应的量，混匀后将反应液分装至荧光定量 PCR 管。

（2）第二步，待检样本制备。样本处理建议在 II 级生物安全柜中进行，以全血样本和组织样本的处理为例进行介绍。

试验前，先打开 II 级生物安全柜的紫外线消毒功能消毒 30 分钟以上。然后，关闭紫外线，在生物安全柜工作台面上铺设洁净吸收垫，放置医疗废物专用袋、含有消毒液的消毒缸等。

全血样本处理：用吸头或者移液器吸取全血样本 1 毫升于灭菌 EP 管中备用，吸头、移液器枪头、EP 管等废弃物弃入医疗废物专用袋中。

组织样本处理：将 0.1 ～ 0.2 克样本组织块用剪刀剪碎，放入已添加 1 毫升 0.01 摩 / 升 PBS 和瓷珠的组织破碎管中，试验过程中每取一次组织块更换一次剪刀、镊子，并将使用后的器械浸泡在消毒液中，将组织样本用组织匀浆仪匀浆，将匀浆好的样本放入水浴锅 60℃灭活 30 分钟后，离心取上清液备用。

填写试验记录单。

病毒核酸提取：操作人员填写样本提取单。在生物安全柜中将上清液加入病毒核酸提取反应板，使用自动化提取设备提取病毒核酸。本操作完成后，彻底消毒生物安全柜的工作台面，将剩余样本、实验器械、废弃物等装入密封袋，将消毒液残液装入密闭容器，对所有物品经表面喷洒消毒剂消毒后带出生物安全柜；将工作台面清理干净后，对生物安全柜的工作台面喷洒消毒剂消毒；从生物安全柜取出装有实验器械、废弃物的密封袋，再装入有生物安全标识的高压灭菌袋，进行 121℃、30 分钟高压灭菌处理；从生物安全柜取出密封袋后，对生物安全柜进行紫外线消毒 30 分钟以上。

（3）第三步，荧光定量 PCR 扩增及结果判定。将提取好的病毒核酸按标准或说明书要求量加入含有反应液的荧光定量 PCR 管内，设置荧光定量 PCR 仪的反应程序，放入荧光定量 PCR 管，运行荧光定量 PCR 程序。分析荧光定量 PCR 检测结果曲线：参考仪器自动生成的基线及阈值，当扩增曲线无 Ct 值或大于界定的阳性 Ct 值判定标准时，判为阴性；当扩增曲线有明显的对数增长期，如典型的"S"形曲线，且 Ct 值小于界定的阳性 Ct 值判定标准时，判为阳性。根据判定结果填写结果报告单。

（二）核酸等温扩增技术

核酸等温扩增技术是一类核酸体外扩增技术，其反应过程始终维持在恒定的温度下，通过添加不同活性的酶和各自特异性引物来达到快速核酸扩增的目的。

核酸等温扩增技术是近几年来兴起，能在某一特定的温度下扩增特定的 DNA 或者 RNA。与传统 PCR 技术相比，由于不需要升温降温，能够在恒定温度下实现扩增，对仪器的要求大大简化，反应时间大大缩短，更能满足快速简便的需求，具有特异性高、分析速度快、成本低、突变率低的优势。

由于这项技术所具备的优势，可以实现便携式的快速核酸检测，在 ASF 爆发的形势下无疑更有利于不具备构建规范实验室条件的猪场检测 ASF。

（三）快速检测试纸条

快速检测试纸条操作简单，成本低，无须配备价格昂贵的设备，但是敏感性不及荧光定量 PCR，同时一般只适合用于全血或内脏组织等的检测，需要注意采样对象和方法。

快速检测试纸条适合用于猪场进行初步筛查，一般进行多次采样检测，一旦检测到 ASFV 阳性，要及早处理怀疑病猪，并尽早将样本送到实验室进行确诊。

三、监测制度

（一）定期采样检测制度

猪场每轮清洗消毒和干燥后，对猪场内外各点进行采样检测，来验证每次洗消的效果，以最终一次 ASFV 核酸检测阴性为终极目标，只有猪场内外所有的检测为阴性后才可以进行哨兵猪的引进。

（二）定期休假制度

鼓励员工每个月按时休假。对于全进全出的猪场，也可以在一批猪清场后，安排人员集中休假。

休假后返场前，严格按照人员消毒程序执行消毒与隔离。

（三）奖惩制度

对于在猪场生物安全体系监测工作中执行到位的员工给予奖励，对于监测失职的员工进行惩治。

第六章

猪场生物安全体系建设的评估与审查

　　传染源、传播途径、易感动物是传染病传播和流行的 3 个缺一不可的要素。如果某种传染病没有疫苗保护易感动物，就只能通过加强生物安全措施来切断传播途径或者消灭传染源。所以，提高猪场生物安全意识，健全猪场生物安全体系，及时对猪场生物安全建设情况和执行情况进行评估与审查，找到猪场生物安全工作的薄弱点，不断加以完善，就显得尤为重要。

　　猪场生物安全的评估与审查主要分为两个部分，即外部生物安全和内部生物安全。针对猪场生物安全执行中的细节，本书建立了一套行之有效的评估与审查方案。该评估与审查体系共 120 条，每一条的风险评估分成三个等级，高见险、中风险和低风险，对非洲猪瘟等重大疫病防控来说，防控的目标就是根据猪场实际情况，消除一切高风险因素，尽可能将每一条的风险都降至低风险，最高也只能是中风险。

　　这套猪场生物安全评估与审查方案，既适合猪场工作人员对日常生物安全执行情况进行自查，也适用于猪场管理人员对新员工的生物安全意识进行培训和对员工对生物安全工作的执行情况进行考核。

附表1　猪场选址和布局生物安全的评估与审查

序号	评估内容	低风险 –A	中风险 –B	高风险 –C
1	猪场周围屠宰场或病死动物无害化处理场	10公里以内没有	3～5公里内有	3公里以内有
2	猪场周围活畜禽交易市场	5公里以内没有	1～5公里内有	1公里以内有
3	猪场周围其他猪场或垃圾处理场	3公里以内没有	1～3公里内有	1公里以内有
4	猪场周围村庄	2公里以内没有	0.5～2公里内有	0.5公里以内有
5	车辆公用洗消中心	≥1公里	0.5～1公里	≤0.5公里
6	猪场离主要公共交通道路距离	≥500米	200～500米	≤200米
7	离猪场最近的非洲猪瘟疫情点（近一个月内）	10公里以内无疫情	3～10公里有疫情	3公里以内有疫情
8	猪场按照不同等级进行生物安全分区	等级区域划分有明显标识，并且脏区和净区有明显的物理屏障	不同等级区域仅有简单区分，没有明显物理屏障和标识	无明显等级分
9	猪场围墙	建有猪场外围墙、猪场内围墙及生产区围墙三道围墙	只建有猪场外围墙或两道围墙	没有围墙
10	猪场生活区和生产区围墙	猪场生活区和生产区严格分开，有实体围墙，人员不交叉	有围墙，但人员管理不严，存在交叉	没有分区和隔离屏障

（续表）

序号	评估内容	低风险 –A	中风险 –B	高风险 –C
11	猪场外围墙	外围墙高 2～3 米，排水孔等用钢丝网进行封闭	外实体围墙高 2 米以下，或从在 2 米以下的上方为镂空铁栏杆，排水孔等未用钢丝网进行封闭	无围墙，或仅有镂空铁栏杆外围墙
12	猪场防鼠带或防鼠板	围墙外围按规范铺有碎石子防鼠带或设有防鼠板	防鼠带或防鼠板设置不规模	没有防鼠带或防鼠板
13	人员洗消室	在外围墙、内围墙及生产区围墙跨越区均建有人员洗消室，洗消室内有物理屏障区分脏区、灰区、净区，且人员只能从脏区到净区单向流动	人员洗消室只有简单区分，无法单向流动或只有一道或二道围墙跨越区建有人员洗消室	没有人员洗消室
15	在跨越猪场外围墙和生产区围墙处物资洗消室	有物资洗消室，分隔为三间，中间实体围墙隔开，两边隔间为缓冲间，中间为消毒间，配备有烘干、紫外、熏蒸和喷雾、浸泡等消毒设施设备	有物资洗消室，但没有缓冲间，或消毒设施不齐全、或采用镂空的置物架区分污区和净区	没有物资洗消室，或洗消室无分区
16	专用车辆洗消中心（车辆二级洗消点）	距离猪场 1～3 公里左右，建有专用车辆洗消中心，有车辆消洗、消毒和烘干等配套设施，并有人员洗消室，地面硬化，污区（道）与净区（道）不交叉	有本场专用洗消中心，但配套设施不够齐全；或污区（道）与净区（道）有交叉；或污或车辆洗消中心为多场共用	无车辆洗消中心

（续表）

序号	评估内容	低风险 –A	中风险 –B	高风险 –C
17	出猪中转站	距离猪场1～3公里建有自己的出猪中转站，出猪中转站地面硬化并有配套的污水处理设施，有严格的脏区和净区划分	有猪中转站，但离场区距离小于1公里，或没有严格分区	没有
18	猪场大门处车辆消毒通道和车辆消毒池	有车辆消毒通道和车辆消毒池，车辆消毒通道的高度、车辆消毒池的长度、宽度、深度设计合理，消毒通道设置有空中过道以便对车辆进行全方位的消毒（包括车顶、侧面和底盘）	有车辆消毒池，但没有消毒通道或消毒通道设置不合理	没有
19	病死猪无害化处理中心	在猪场生产区下风向的一个单独区域建有专用病死猪无害化处理中心，离猪舍至少100米，并有实体围墙隔离	有独立区域，离猪舍100米以上，但没有实体围墙隔离；或有实体围墙隔离，但离猪舍仅50米～100米	没有专用病死猪无害化处理中心，或离猪舍不足100米，且没有实体围墙

附表2 门卫区生物安全的审查与评估

序号	审查与评估内容	低风险 –A	中风险 –B	高风险 –C
1	人员进入猪场	在人员洗消室进行严格淋浴、更衣、换鞋	仅换衣鞋或者防护服，但不淋浴	不作任何处理直接进场
2	人员入场前隔离	在场区外和场内隔离区隔离48～72小时	在场区外和场内隔离区隔离24小时	没有隔离或隔离时间不足12小时直接进入内部生活区和生产区
3	人员进入猪场内部生活区	在人员洗消室进行严格淋浴、更衣、换鞋	仅换衣鞋或者防护服，但不淋浴	不作任何处理直接进内部生活区
4	人员进入猪场生产区	在人员洗消室进行严格淋浴、更衣、换鞋	仅换衣鞋或者防护服，但不淋浴	不作任何处理直接进内部生产区
5	个人必须随身的小件物品（如手机、眼镜、电脑等）进场	熏蒸、紫外、擦拭消毒后，通过传递窗外传入，且仅单向流动	消毒不规范，或由进入人员直接携带进入，或存在不单向流动的情形	未经消毒直接进场
6	物资进场	所有物资在物资洗消室彻底消毒（高温、熏蒸、浸泡、紫外、擦拭等）后进场	物资洗消室设施不齐全，或消毒不规范，或密封消毒时物资堆放在一起，影响消毒效果	未经消毒直接进场
7	药品、疫苗类进场流程	拆除外包装，喷雾或熏蒸消毒	简单喷雾消毒	未经消毒直接进场
8	车辆进场	经过消毒通道和消毒池后进场	仅通过消毒池后就进场	没有任何消毒就进场
9	外来车辆进场	禁止进猪场	彻底清洗消毒后进猪场	直接进猪场

附表3　生活区和办公区生物安全的审查与评估

序号	审查与评估内容	低风险 –A	中风险 –B	高风险 –C
1	猪场厨房	厨房建在生产区外，所有食物煮熟后通过食物传通窗传递（加热消毒），生产区人员和厨房工作人员严禁接触	厨房建在生产区内，所有食材经消毒后进入生产区	厨房建在生产区内，食材未经消毒直接进入生产区
2	厨房肉制品来源	不外购肉制品，自己杀猪	菜市场外购牛羊肉、禽肉等	在菜市场采购猪肉
3	厨房蔬菜来源	自己种植，不外购	向固定菜农或蔬菜基地购买，并降低采购频率	从菜市场或集市购买
4	外购蔬菜瓜果进场	在物资洗消室臭氧熏蒸4小时后，消毒水浸泡，然后进入厨房	在物资洗消室未经规范处理就进入厨房	不作处理直接进场
5	餐厨剩余处理	高温煮熟半小时	深埋发酵处理	不处理就倒进下水沟
6	生活区污水排放	有隐蔽的暗沟，排到粪污处理区	排水沟为明沟	污水随意排放
7	员工宿舍	固定区域，干净整洁，不同区域不同衣服		不干净整洁，与生产区衣物不区分
8	会议室	干净整洁，定期进展生物安全培训		脏乱，极少培训
9	猪场垃圾处理	垃圾分类收集，并及时处理	垃圾未进行分类收集处理；或处理不及时	垃圾胡乱丢弃
10	猪场鼠类和蚊蝇防控	有防护设备并定期灭鼠，定期喷药，蚊蝇可控	有一定的防护设备，但未定期开展灭鼠、灭蚊蝇	没有防控设施，也不进行灭鼠、灭蚊蝇
11	厨师和生产区员工是否接触	不接触		有接触

附表 4　生产区生物安全的审查与评估

序号	审查与评估内容	低风险 –A	中风险 –B	高风险 –C
1	生产区内外环境	环境卫生，能及时清除生产区周边和生产区里面的杂草和积水，集中处理污物		环境卫生差
2	每个单元或者整栋猪舍全进全出	全进全出，并且每次进猪前能够做到彻底的清洗、消毒和干燥（烘干）	能做到全进全出，但没有彻底清洗、消毒和干燥	不能全进全出
3	转猪结束后的处理	对转猪设备和转猪场地，进行充分的清洗和消毒	有清洗和消毒，但不充分	无处理
4	病弱猪处理	"早、快、严"处理		处理不及时
7	人员进猪舍前	洗手、更衣、换鞋、鞋底消毒，消毒池里的消毒液每天更换	有换鞋，洗手、鞋底消毒，但不更衣	没有任何措施
6	设置生物安全负责人	设置有生物安全负责人，负责猪场生物安全制度的建立、培训、执行监督	设置有生物安全负责人，但责任落实不到位	没有设置生物安全负责人
8	猪场员工参加生物安全培训	每周培训一次	每月培训一次	从不培训或偶尔培训
9	私人生活用品，手机、手表、电脑等是否带入生产区	不将任何私人生活物品带入生产区	私人生活物品经严格消毒后带入	未经任何消毒处理即带入
10	生产区员工串舍	员工不串舍		员工有串舍

（续表）

序号	评估内容	低风险 –A	中风险 –B	高风险 –C
11	技术人员猪舍巡栏	从生物安全级别高的猪舍向生物安全级别低的猪舍进行巡栏，不在净区和脏区来回交叉，按照检查、疫苗接种、保健、消毒、治疗、死尸处理流程进行		在净区和脏区来回巡栏
12	病死猪尸体解剖	在解剖室进行；并换上解剖室专用服装、鞋、手套、口罩等	在解剖室进行解剖，但未穿专用服装、鞋、手套、口罩等	在猪舍进行解剖
13	饲养员、技术人员工作服	每人配备 2～3 套当季工作服，替换使用，并制定好衣服清洗、消毒的规章流程，考核监督，换洗的衣服至少在消毒液中浸泡 30 分钟以上	工作服换洗、消毒正常，但没有规章规程或缺乏监督	工作服换洗、消毒不正常
14	鞋底清理	每天下班前都清洗鞋上的污物，尤其是鞋底的粪污，经过消毒液处理并底部朝上放在鞋架上干燥备用		鞋底未进行彻底清洗
15	生产区净道与污道不交叉	健康猪转群或运输饲料的净道与运输粪污、病死猪等的污道，互不交叉		存在交叉
16	维修工具进入不同猪舍前	进行严格浸泡、喷雾、熏蒸等消毒	有消毒，但操作不规范、不严格	不进行消毒

（续表）

序号	评估内容	低风险 -A	中风险 -B	高风险 -C
17	转群用赶猪板、载猪推车等设施	不同生物安全级别不混用，使用前经过清洁、消毒、干燥	使用前经过清洁、消毒、干燥，但不同生物安全级别区混用，	各区域混用，而且使用前不消洗、消毒
18	生产区内部使用的车辆管理	车辆按照规定的路线行走，单向流动，运输结束后进行清洗、消毒和干燥，生产区车辆禁止使用木质材料		车辆行驶路线随意，非单向流动，运输结束后不清洗、消毒和干燥
19	猪群饮用的水	用消毒剂进行消毒，确保非洲猪瘟抗原阴性		水不进行消毒直接饮用
21	散装饲料通过中转料塔进入生产区进场，中转料塔设置的区域	中转料塔外围墙内，独立于生产区外	生产区围墙内，与猪舍有一定距离	生产区围墙内，紧靠猪舍
20	饲料原料	经过熏蒸消毒后放置15天，或者猪场高温制粒全价料 (85℃，3分钟)，或者将饲料放置30～45天再使用	熏蒸、加温或隔离时间不足	未经处理直接进场
22	袋装饲料进场	经过物资中转站消毒后，转至场内饲料仓库，然后进行45分钟熏蒸（过氧乙酸等），24小时密封，然后向各个生产单元进行配送	未经过中转站消毒，在场内饲料仓库进行熏蒸（过氧乙酸等），24小时密封后，向各个生产单元进行配送	未经消毒直接进场

（续表）

序号	评估内容	低风险 –A	中风险 –B	高风险 –C
23	在给猪只注射时针头更换频率	一头猪更换一个针头	仔猪一窝一更换	不更换
24	猪舍清洗、消毒完，再进猪前空栏时间	15 天以上	7 天	连续生产
25	隔离场离主生产区的距离	≧500 米	300～500 米	＜300 米
26	隔离场	隔离场全进全出，而且是独立的生产系统	隔离场有独立的生产系统，但没有实施全进全出	没有独立的生产系统
27	每个单元或者整栋猪舍全进全出	能做到全进全出，并且下次进猪前能够做到彻底的清洗消毒和干燥（烘干）	能做到全进全出，但没有彻底清洗消毒和干燥	不能全进全出
28	外购种猪的隔离期	≧45 天	20 天左右	＜14 天
29	后备母猪引进	隔离场内有驯化程序 (呼吸道和肠道)，并且对主要的疾病留有充分的观察时间，并评估驯化效果	隔离场观察时间较短	没有隔离，直接混群
30	在过去两年内，引进种猪的猪源场数量	自留后备，不引进种猪	1～4 个	≧5 个
31	精液来源	精液来自于经评估健康的公猪，有健评估表和主要病原检测的阴性报告	评估表和检测报告不完全	无健康评估表和病原阴性报告，或检测出现阳性

猪场生物安全体系建设与非洲猪瘟防控

（续表）

序号	评估内容	低风险 –A	中风险 –B	高风险 –C
32	外购精液	到达物资中转站和猪场后，对盛放精液的保温箱或恒温箱进行彻底消毒处理	直接到在场外生活区或办公区对盛放精液的保温箱或恒温箱进行彻底消毒处理	未进行消毒处理直接进场
33	过去两年供精猪场数	1个	2～4个	≧5个
34	本场内部供应精液的猪场，公猪在采精前的准备	公猪在采精前确保采精室干燥卫生；假畜台经过清洗消毒干燥后使用	采精室干净，假畜台清洗消毒干燥不规范	采精室不干净或假畜台未进行清洗消毒干燥
35	采精公猪	体表干净，不存在肉眼明显可见的脏污		体表存在肉眼明显可见的脏污
36	保存精液的保温	保存精液的保温柜是否充分密闭，并于精液移走后使用消毒水擦拭保温柜内外，保证消毒柜清洁卫生		保存精液的保温柜密闭不充分，保温消毒柜不卫生
37	精液抽检	每月抽取有统计学意义的精液样本数，并对样本进行相关病毒检测，或检测公猪的血清或血液	检测样本数少	不检测
38	实验室	实验室工作结束，人员离开后打开紫外灯照射2小时以上	有紫外灯照射，但时间较短	无紫外照射
39	产房	采取全进全出制，产床使用前进行彻底洗消，并空栏1～2周	未彻底洗消	没有全进全出

（续表）

序号	评估内容	低风险 –A	中风险 –B	高风险 –C
40	妊娠母猪	进产房前全身清洗、消毒		没有进行全身洗消
41	仔猪处理工具的卫生	剪牙钳、断尾钳、阉割刀片至少要几把，浸泡在消毒剂中交替使用，是否用前再用干净的酒精棉擦拭干净		否
42	仔猪寄养	尽量减少寄养，如寄养，控制在同一产房，并吃够初乳和在分娩后 24 小时内完成		否
43	产房工作	在产房工作时，避免上产床、抓仔猪时戴手套，使用钩子或抓猪器辅助，同时保证每张产床固定一副手套、一副鞋套		否
44	保育舍	采取全进全出制，使用前进行彻底洗消，并空栏 1～2 周	全进全出，洗消，但没有空栏期	不全进全出
45	保育舍的猪只日龄差值	不超过七天		超过 7 天
46	育肥舍	每栋育肥舍采取全进全出制，使用前进行彻底洗消，并空栏 1～2 周	全进全出，洗消，但没有空栏期	不全进全出
47	同一育肥舍的猪只日龄差值	不超过七天		超过 7 天

附表5　车辆洗消中心（车辆二级洗消点）生物安全的审查与评估

序号	审查与评估内容	低风险 –A	中风险 –B	高风险 –C
1	独立的车辆洗消中心	有，清洗、消毒、烘干等功能、设施齐全	有，但无烘干功能	没有洗消中心
2	车辆洗消中心分区布局	严格区分净区、灰区和脏区，净区、脏区道路不交叉	有分区，但净区、脏区道路存在交叉	没有区分净区和脏区
3	司机洗消室	有，司机进行沐浴、换衣服、鞋子	司机只换衣服、鞋子，不淋浴	既不淋浴，也不换衣服、鞋子
4	驾驶室清洗消毒	彻底清洗消毒，包括仪表盘、方向盘等	清洗消毒不彻底	不清洗
5	车辆清洗前预清洗	有预清洗，使用泡沫消毒剂浸泡20分钟以上	有预清洗，但不使用泡沫消毒剂或泡沫消毒剂浸泡时间较短	没有预清洗，或预清洗后没有使用泡沫消毒剂浸泡
6	车辆清洗完彻底消毒	喷雾消毒剂反复喷洒，保证覆盖30分钟以上	消毒剂覆盖时间不足30分钟	消毒水用量不够，作用时间较短
7	车辆洗消完彻底干燥	烘干温度达到65℃～75℃维持20～30分钟	不烘干，自然干燥	不干燥
8	车辆洗消记录	有监督，有合格认证	有监督，无认证或监督不到位	没有记录
9	车辆洗消中心洗消车辆来源	只洗消本猪场车辆	清洗除本公司内其他场的车辆	清洗外公司车辆
10	猪场自己的拉猪车清洗	每趟清洗、消毒	每天清洗、消毒	每周以上才清洗

附表 6　出猪台和猪中转站生物安全的审查与评估

序号	审查与评估内容	低风险 –A	中风险 –B	高风险 –C
1	猪中转站	有，离猪场 1～3KM	有，但离猪场 1000 米以内	无
2	出猪台分区和隔离设施	严格区分脏区、净区，有物理屏障	简单分区，没有物理屏障	不分区
3	猪场自己的中转车	有，中转车将猪转移到出猪中转站，客户拉猪车在出猪中转站，装猪	无，客户拉猪车在猪场外围墙的出猪台装猪	无，客户拉猪车进入生产区装猪
4	猪场中转车的使用	每次用完后，洗消、烘干	每次用完只洗消，没有烘干	用完后不清洗消毒或仅简单的清洗
5	客户的拉猪车	在猪场指定的车辆洗消中心进行彻底洗消及烘干	清洗消毒	只简单清洗
6	猪场内部赶猪人员与客户拉猪车接触情况	不接触，不共用工具	有简单接触	赶猪上客户拉猪车
7	猪场内部赶猪人员赶猪后重新进猪场程序	在人员洗消室淋浴、更衣、换鞋后，进入猪场内部生活区隔离 1 晚，二次人员洗消后进入生产区	在人员洗消室淋浴、更衣、换鞋后，不隔离，二次人员洗消后进入生产区	人员不洗消，直接返回生产区
8	出售猪、淘汰猪流向	严格单向流动，不得回流，过磅后的猪只一次性上车	设施不合理，可能会回流	有回流
9	出猪台工作结束后的处理	高压冲洗、消毒、干燥	清洗、、消毒、干燥不规范	不清洗

（续表）

序号	评估内容	低风险 –A	中风险 –B	高风险 –C
10	出猪台消毒剂的选择及使用	使用经认证的消毒剂，出猪前后都消毒	使用经认证的消毒剂，但只在出猪后消毒	使用未经认证的消毒剂
11	出猪前，出猪台是否干净整洁，是否安排专人对出猪台及周围进行清洗、消毒，保证出猪台干净清洁	提前清理消毒、干燥	基本整洁，但清洗消毒不规范	脏污不整洁，没有进行消毒
12	出猪台监控设施与现场监督	有监控，且有生物安全负责人现场监督	有监控，但没有生物安全负责人现场监督	没有监控，不清楚责任人

附表 7　病死猪无害化处理生物安全的审查与评估

序号	审查与评估内容	低风险 –A	中风险 –B	高风险 –C
1	病死猪无害化处理中心	在猪场生产区下风向的一个单独区域，有实体围墙隔离，并离猪舍至少100米	有独立区域，但没有实体围墙隔离，离猪舍100米以上或有实体围墙隔离，但离猪舍仅50米～100米	没有实体围墙，离猪舍不足100米
2	场内病死猪无害化处理方式	场内焚烧（炉）或高温生物发酵（设施）	化尸窖（池），深埋；或送交公用无害化处理中心集中处理	随意丢弃，堆肥发酵
3	生产区病死猪、胎衣运输到无害化处理中心流程	密封包裹，胎衣装入带盖的桶	不包裹直接运走	可能在地上拖行
4	送交公用病死猪无害化处理中心程序	在离场区1公里以上的地方建有本场专用病死猪收集点，由专车专人转运，并配备冷柜或冷库	本场专用病死猪收集点离场区1公里以内；或使用公用收集点	公用收集病死猪车辆或保险评估人员等到场区边
5	转运病死猪车辆及人员	每次转运完后，车辆彻底清洗、消毒并干燥，才返场用于下一次转运；人员淋浴，换衣鞋	车辆每次用完只洗消，没有干燥即进行下一次转运	车辆用完后不清洗消毒
6	病死猪无害化处理监控设施与现场监督	有监控，且有生物安全负责人现场监督	有监控，但没有生物安全负责人现场监督	没有监控，不清楚责任人

附表 8　粪污处理生物安全的审查与评估

序号	审查与评估内容	低风险 –A	中风险 –B	高风险 –C
1	粪池选址	选址合理，粪沟全部隐藏地下，有隔离措施保证粪水不会外流	半隐蔽	粪污外溢
2	猪粪清理方式	地下管道或水泡粪	传统干清粪或水冲粪	粪污不及时清理，环境脏污
3	猪场的粪污处理设施由专人操作，划定粪污处理区域，粪污处理人员不能随意进生产区	严格分区，不能串岗		生产区人员兼职串岗
4	内部运输	专车专用，固定线路，能够做到猪粪运输过程不散落，不漏粪尿	有遗漏，道路消毒	猪车混用，粪尿遗漏
5	粪污堆放点	严格防雨、防流、防渗漏	半开放，防雨，不防渗漏	随意堆放，不防雨、防流
6	外部运输猪粪车辆	外部粪车专道，与场内车辆、人员行走路线分开不交叉	道路交叉，有消毒措施	道路交叉混乱

第七章

猪场复养关键技术

猪场成功复养一方面要彻底清除场内已有的 ASFV，另一方面又要防范病原再次传入的风险。分析和弥补之前猪场的生物安全漏洞，彻底清除猪场内的 ASFV，构建完善的生物安全体系，是当前猪场成功复养的前提条件。

一、复养前的风险评估

（一）猪场位置

复养猪场应远离生物安全风险高的场所。猪场距高风险场所越近，风险越大。猪场若距病死动物无害化处理场、屠宰场、活畜禽交易市场等 5 千米以内，或距离粪污处理厂、集贸市场等 3 千米以内，距其他猪场等养殖场 1 千米以内、距主要交通干道 500 米以内，建议关闭或近期不复养。

（二）猪场上次疫情发病及发展过程回顾

对猪场疫情发生的原因及发展过程进行认真回顾和系统分析，了解发病群体和发病时间、临床情况及采取的措施和结果等，仔细筛查病毒进入猪场的可能原因以及猪场在硬件和软件各个环节存在的漏洞和风险点。未进行认真复盘的建议暂缓复养。

（三）猪场硬件

猪场生物安全体系建设应具备较为完善的设施设备，如人员洗消室、人员隔离中心、车辆消毒通道、车辆洗消中心（点）、物资中转站、出猪台、猪只转运专用车辆、视频监控系统等。如果猪场缺乏必要的设施设备，且没有改造计划，不建议复养。

（四）猪场软件

猪场应制定严格的管理制度、完善的操作流程，复养前期准备工作计划有序，人员管理富有人性化，全场所有人员进行了系统全面的培训，方可进行复养。

（五）空栏时间

猪场在经彻底清场、消毒后，应空栏 5 个月，方能进行复养。空栏时间越短，风险越大。

（六）猪场周边疫情

猪场周边（10 千米内）或本县域范围内近 3 个月没有疫情（应充分调研和了解），同时大环境中没有遭受 ASFV 严重污染时，可进行复养。否则建议暂缓复养。

（七）病原检测

猪场建有符合规范的检测实验室，配备有荧光定量检测仪、离心机、冰箱等仪器设备，有经过专门培训的专业检测人员。制定系统检测 ASF 的方案。不建专门检测实验室的猪场必须委托具有 ASF 检测条件和资质的第三方检测机构开展相关检测工作。

二、清场

（一）猪

全部清群，包括所有的猪，发病猪或感染猪应无害化处理。

（二）猪场周边

清理猪场 3 千米内的其他所有猪场；无害化处理猪场周围 3 千米内被扔的死猪和其他废弃物。清除猪场外墙 10 米内及场内的树木、杂草和垃圾，进行焚烧处理。

（三）设备和物品

移除猪舍及生活区房间内所有物品和能拆卸掉的所有设备。把能拆卸的产床、保温箱、电热板、料线、饮水器、饮水管、栏门、水帘等都拆卸，然后进行消毒和清洗，备用。医疗器械等冲洗干净，消毒后收集到场区库房，封存备用。带电设备设施清洗前应切断电源，做好插座、灯头的防水工作。对污染严重且不容易消毒的低价值物品（如木制品、工作服、鞋、办公用品等）转移至无害化处理区焚烧或深埋处理。

（四）剩余饲料

清掉所有库存的原料、添加剂、饲料（可用于喂鱼、家禽），严禁复产再用。彻底清空所有料仓，如料塔、进料螺杆、液体料系统以及料槽中的剩料，自动化料线也必须清空。

（五）剩余药品和疫苗

生产区药房内剩余的药品、疫苗建议全部销毁处理，对部分成本过高并且没有拆封的可以在进行初底消毒处理后保存备用。

（六）粪便清理

彻底清理干净猪舍内外粪沟和舍内漏缝地板下的粪尿。粪便污水进行无害化处理（如发酵 45 天）。

（七）生物媒介

对场内的蚊、蝇、蜘蛛、老鼠、鸟类、蟑螂等有害昆虫及动物进行灭杀，清除场内的狗、猫等动物，防止野狗、野猫自由进入猪场。

（八）水源

猪场最好选用深层（30～50 米或以下）地下水或经过消毒处理的自来水，不选用河水和浅表水做水源。若检测水源 ASFV 阳性，必须更换水源。

（九）土壤和路面

猪场内猪舍与猪舍之间的土地，可以清除掉 30 厘米的土层外运，或者将生石灰和土按 1∶5 的比例进行混匀、压实，进行地面硬化处理。场区所有道路铺设成水泥路面

三、消毒

（一）消毒前的准备工作

1. 人员培训

对相关人员进行安全及操作培训，明确分工及操作流程。

2. 选择合适的消毒制剂

可选用氢氧化钠（烧碱）、生石灰、二氯异氰尿酸钠（如威特 40% 二氯异氰尿酸钠 1∶1 000 倍稀释液）、戊二醛（如威特醛 20% 浓戊二醛溶液 1∶500 倍稀释液）、过硫酸氢钾复合盐（如威特利剑 1∶200 倍稀释液、卫可 1∶200 倍稀释

液）、醛类复合物（如瑞全消 1 ∶ 50 倍稀释液、复方戊二醛）、碘制剂复合物（如百胜 -30 1 ∶ 200 倍稀释液）等消毒剂。氢氧化钠（烧碱）和生石灰主要用于圈舍地面、墙面等的消毒。

3. 消毒及防护用品准备

消毒及防护用品包括喷雾器、火焰喷射枪、消毒车辆、消毒容器；防护服、口罩、手套、眼镜、防护靴等消毒防护用品。

4. 人员及物品消毒

所有进出人员应先清洁，后消毒，可采取淋浴消毒；更换场内衣服、鞋，消毒液洗手。

所有的工作服当天在场内用消毒液浸泡清洗，衣、帽、鞋等一次性防护物品及时焚烧销毁或消毒深埋。

5. 其他相关事项

检查猪场外部围栏、围墙和排水、粪污管道等，保证封闭运行。

所有进出猪场车辆务必彻底清洗、消毒，车内脚垫、脚踏板等彻底洗消。

场内外和舍内外环境、缝隙、巢窝和洞穴等用 40% 辛硫磷浇泼溶液、氰戊菊酯溶液等喷洒除蜱。

污水用二氯异氰尿酸钠（威特 40% 二氯异氰尿酸钠 1 ∶ 1 000 倍稀释液）进行消毒处理。

（二）消毒程序

在猪场清场后进行彻底清洗消毒。消洗顺序：先猪舍、生产区，然后生活区、场区外围。猪舍内先消洗料线、水线，再消洗栏舍，最后消洗污道。清洗消毒采取 3 次洗消法。洗消时应关闭猪舍内电源，防止冲洗过程中发生漏电。

1. 第一次洗消

（1）圈舍。圈舍第一次洗消时，在消毒清洗前，先进行消毒，可避免污染面的扩散。基本程序为：第一次消毒—清洗—干燥—清毒；第二次清洗—消毒—干燥；第三次清洗—消毒—干燥。

① 消毒：使用高压冲洗机将配制好二氯异氰尿酸钠消毒液喷洒至猪舍内外环境中，充分作用（至少1小时）后清洗；或者使用3%～5%氢氧化钠溶液浸泡30分钟后，彻底清洗。对污染严重的圈舍可采用火焰枪火焰消毒，使用火焰枪时要注意防止火灾。

喷洒消毒液时，应按照从上到下、从里到外的原则，即先屋顶、屋梁钢架，再墙壁，最后地面，力求仔细、干净、不留死角。

② 清洗：使用扫帚、叉子、铲子、铁锹等工具对猪舍内残留的粪便、垫料、灰尘等进行彻底清扫。将清扫的粪便、垃圾等污染物集中收集于包装袋内，并进行深埋等无害化处理。

使用低压水枪对猪舍内所有可清洗的表面进行冲洗，保证全方位无死角。清洗完成后，要求无可见类便、污渍、杂物等。

③ 干燥：清洗干净后对猪舍所有位置使用专业的烘干设备（电加热或液化气）进行烘干，要求为60℃作用30分钟或者70℃作用20分钟。没有烘干设备的也可以自然风干。

④ 再次消毒：彻底干燥后，使用高压清洗机喷出消毒剂泡沫，由高到低全面消毒。完成消毒后对猪舍密闭，使其自然干燥。

（2）猪舍内设备、器具。清洁和消毒所有设备。猪栏等铁制品等，可进行火焰消毒。对可浸泡的器具采用 2% 氢氧化钠溶液或威特 20% 浓戊二醛溶液 1∶500 倍稀释液浸泡 24 小时消毒。

（3）料线。拆卸所有料线，若已老化，建议更换，彻底清洁后放置于 20% 浓戊二醛溶液 1∶500 倍稀释液中浸泡消毒 24 小时。深度清洗料仓（库）、料塔，之后用威特醛 20% 浓戊二醛溶液熏蒸消毒（1∶20 倍稀释，每立方米使用 1 毫升原液，加热熏蒸）或威特二氯异氰尿酸钠烟熏剂进行第一次处理，再拆除能拆卸的绞龙、管线等零件清洗、消毒。

（4）水线。拆卸所有饮水器和接头等，放置于 20% 浓戊二醛溶液 1∶500 倍稀释液中浸泡消毒 24 小时。蓄水池或水塔维修、清洗、消毒。水线在组装好后，在水箱/蓄水池中添加二氯异氰尿酸钠消毒液（威特 40% 二氯异氰尿酸钠 1∶1 000 倍稀释液）或过硫酸氢钾复合盐（威特利剑 1∶100 倍稀释液），进行在管道中浸泡，用水循环冲洗 24 小时，然后用清水冲洗干净。

（5）通风系统。风机、水帘、控制器、传感器等洗刷、消毒、干燥，可使用威特醛 20% 浓戊二醛溶液 1∶500 倍稀释液或过硫酸氢钾复合盐（威特利剑 1∶100 倍稀释液）。

（6）生产区道路、赶猪通道。彻底清洗后白化处理：对出猪台区域粪便、污物进行清扫，密封处理，焚烧后深埋。使用高压水枪冲洗，干燥后使用泡沫清洁剂进行清洗，浸泡 30 分钟后使用高压水枪将泡沫彻底洗净，干燥后再使用二氯异氰尿酸钠消毒液（威特 40% 二氯异氰尿酸钠 1∶1 000 倍稀释液）

消毒，彻底干燥后白化处理。

（7）场区内环境消毒。对养殖场生活区（办公场所、宿舍、食堂等）的屋顶、墙面、地面用二氯异氰尿酸钠等消毒液喷洒消毒。

场区或院落地面洒布生石灰或氢氧化钠溶液消毒。

进出门口铺设与门同宽、长 8 米的消毒草垫，洒布二氯异氰尿酸或氢氧化钠溶液，并保持浸湿状态。

污水集中收集，按比例投放二氯异氰尿酸钠粉（威特40% 二氯异氰尿酸钠 1∶1 000 倍稀释液）。

每天消毒 3 ～ 5 次，连续 7 天，之后每天消毒 1 次，持续消毒 15 天。

（8）粪污及其管道。猪舍内外粪沟和舍内漏粪板下的粪尿都要处理干净，清空粪水池后进行清洗消毒，并对粪便等进行无害化处理（深埋或发酵）。对所有粪污痕迹或粪污堆积物，都必须喷撒生石灰，并搅拌（每平方米 500 克，混合均匀）。清理所有排粪管道及蓄粪池，然后洗消。将粪污统一埋于地下 5 ～ 10 厘米深，再撒上生石灰 200 ～ 250 克/米^2。用二氯异氰尿酸钠消毒液（威特 40% 二氯异氰尿酸钠 1∶1 000 倍稀释液）喷洒后冲洗，再使用威特 20% 浓戊二醛溶液泡沫型消毒剂（1∶100 倍稀释液）、戊二醛癸甲溴铵型泡沫消毒剂消毒所有漏缝地板、粪池、粪沟，浸润 1 小时后彻底清洗。

（9）药房、库房。烧掉或无害化处理所有没有用完的兽药、物品外包装。库房密闭熏蒸消毒，使用威特醛 20% 浓戊二醛溶液熏蒸消毒（1∶20 倍稀释，每立方米使用 1 毫升原液，加热熏蒸）或威特二氯异氰尿酸钠烟熏剂。库房内所有备用器材、设备、工具等，用消毒液浸泡或高压喷洗消毒，使用威特醛 20% 浓戊二醛溶液（1∶500 倍稀释液）。

（10）办公室、食堂和宿舍、人员洗消室。清理后进行粉刷。有条件的可以密闭房间后使用专业的烘干设备进行烘干。办公桌椅、柜子等使用消毒剂进行擦拭、清洗消毒，地面使用消毒剂拖地完成清洗、消毒，之后使办公室密闭，进行熏蒸消毒。

（11）车辆。彻底清洗消毒，烘干或自然干燥。

2. 第二次洗消和检测

可在完成设备维修升级改造及完成生物安全体系构建后进行第二次清洗消毒。第二次清洗消毒方式及消毒药的选择基本上同第一次洗消，但无需先进行消毒，直接进行清洗、干燥和消毒。按照第一次全面消毒方案进行操作，完成猪场全面消洗、消毒并彻底干燥。

严格遵守人员进场生物安全程序，进行多点采样（周边环境、物资、人员、车辆、生产区猪栏、地板、办公室、宿舍、厨房等），使用荧光 PCR 检检测 ASFV，只有检测为全阴性才证明合格，如果检测不合格，重复第二次洗消的全部流程。

检测合格后空栏封场 4～5 个月。

3. 第三次洗消和检测

可在拟进猪试养前 15～20 天，进行第三次洗消。按照第二次洗消和检测方案认直执行。只有检测合格，才可以复养；如果检测不合格，重复第二次洗消的全部流程。

四、设施设备的升级改造

猪场对筛查出的生物安全漏洞应进行升级改造，添置必要的设施设备，加强场区物理隔离、车辆、饲料、饮水等的生物安全防护水平。

（一）场区修建实体围墙和围栏

猪场应建有实体外围墙、外围墙高度应有 2 ～ 3 米。有条件的在围墙外 50 ～ 100 米建环绕猪场的围栏，围栏可用铁栅栏，围栏固定柱要牢固，要保持完整，底部要封闭好，没有明显的破洞。

（二）完善门口设施

养殖场大门口设置值班室、人员洗消室、物资消毒间和车辆洗消的设施设备。

人员洗消室是人员进出生产区的唯一专用通道。建有围栏的猪场，可将场区的车辆洗消点移至围栏大门入口处，以降低风险。

物资消毒间应能良好封闭，便于熏蒸消毒。消毒间内分净区、污区，可用多层镂空架子放置物品。

车辆消毒通道的高度和车辆消毒池的长度、宽度、深度设计合理（应根据车辆的高度和宽度、轮胎的高度和周长计算），消毒通道能对车辆车顶、侧面和底盘进行全方位的消毒。

（三）优化猪场布局

生产区与生活区分开，净道与污道分开，生产区与生活区之间建立实心围墙。

空怀和妊娠母猪舍、哺乳猪舍、保育猪舍、生长育肥猪舍、公猪舍各生产单元相对隔离，必要时，不同圈舍间可用实体隔开。

按照夏季主导风向，生活管理区应位于生产区和饲料加工区的上风口，兽医室、隔离舍和无害化处理场应处于下风口和场区最低处，各功能单位之间相对独立，有物理隔离屏障，避免人员、物品交叉。

（四）栋舍内部

所有的栋舍封闭化管理，设备洞口或者进气口覆盖防蚊网，安装纱窗。

修补栋舍内破损的地面、墙面、门、地沟、漏缝板等设施，修补所有建筑表面的孔洞、缝隙。

可对栋舍实施小单元化改造。通槽公用饮水饲喂改为每个圈舍、栏位独立饮水饲喂。通栏舍可适当隔断成小单元，便于独立管理。

每栋舍配备单独的脚踏和洗手消毒盆（池）、专用水鞋。

更换水帘纸、破损的卷帘布、进气口、百叶等设备。风机宜选用耐腐蚀、易消毒的玻璃钢风机。

更换破损的饮水设施。

有条件的，可提高养殖场自动化水平。如配置自动喂料系统、自动通风系统、舍内环境自动监测系统等自动化设备。

（五）栋舍外部

防止外来动物进入，只留大门口、出猪台、粪尿池等与外界连通，并保持常态化关闭。猪场围墙外 2.5 ～ 5 米，以及栋舍外 3 ～ 5 米，可用尖锐的碎石子（2 ～ 3 厘米宽）铺设 1 米宽、5 厘米厚的隔离带，防止老鼠等接近；或在实体围墙底部安装 1 米高光滑铁皮用作挡鼠板，挡鼠板与围墙压紧无缝隙。

杜绝蚊、蝇。彻底清理苍蝇、蚊子的滋生地。猪舍的门窗设置防蚊网、纱窗和门帘；堆粪场应尽量远离生产区；粪尿池用蚊帐、黑膜等覆盖或密封。

完善排污管线。在养殖场围墙外挖排水沟，排水沟应用孔径 2～5 毫米铁丝网围栏。

有条件的，可在各生产区间、生活区与生产区之间设置连廊防护，加强防蚊蝇、防鼠功能。简易连廊可用细密的铁丝网围成，上方覆盖铁板。

（六）出猪设施

分别建立淘汰母猪、育肥猪的出猪系统。包括出猪间（台）、赶猪通道、赶猪人员和车辆等。淘汰母猪和育肥猪的出猪系统应相互独立、不交叉。

猪场围墙边上分设淘汰母猪、育肥猪专用出猪间（台），出猪间（台）连接外部车辆的一侧，应向下具有一定坡度，防止粪尿向场内方向回流。

出猪台及附近区域、赶猪通道应硬化，方便冲洗、消毒，做好防鼠、防雨水倒流工作。例如，安装挡鼠板，出猪台坡底部设置排水沟等。

建设中转出猪站。中转出猪站距猪场最好能有 1～3 千米，中转出猪台可以是固定实体猪台，也可以是移动式升降台。中转出猪站要严格划分脏区和净区，要能避免内外部车辆和人员直接、间接接触，配备清洗、消毒设施。

（七）配备专用车辆

猪场应配备本场专用运猪车（场外、场内分设）、饲料运

送车（场外、场内分设）、病死猪 / 猪粪运输车等。

（八）车辆洗消中心

远离猪场 1 ～ 3 千米建设固定的、独立密闭的专用车辆洗消中心，设车辆清洗区、车辆消洗消毒间和烘干间，同时设有人员洗消室。出场道路和进场道路应分开，净区和脏区分开。

（九）饲料存放设施

袋装料房应相对密闭，具备防鼠、消毒功能。例如，房屋围墙安装防鼠铁皮，窗户安装纱窗，门口配备水鞋、防护服、洗手和脚踏消毒盆等。

有条件的，可在围墙周边设立料塔，饲料车在场外将饲料打入料塔内。

检查所有的料线设备，更换或维修锈蚀漏水的料塔、磨损的链条以及料管、变形锈蚀的转角等部件。

（十）病死猪无害化处理设施

在猪场下风口、低洼处的偏僻一角建立专门的无害化处理中心，区域内地面全部做硬化防渗处理。配备专业的病死猪转移工具。配备焚烧炉或高温生物发酵设备，或建设腐化池（应建 2 个，轮流使用）。

对于病死猪需转交公共无害化处理场处理的猪场应配备专用病死猪暂存间（冷藏或冷冻）、病死猪转运专用工具等相关设施。

（十一）监控设备

猪场应安装监控设备，覆盖猪场周边及所有栋舍，实现无死角、全覆盖，监控视频至少储存 1 个月。

五、试养

（一）试养猪要求

来源的猪场应为 ASFV 阴性，近期（至少 3 个月内）应无 ASF 疫情，所有准备引进的猪均应进行 qPCR 检测 ASFV 为阴性，猪只健康水平较高，猪瘟、高致病性蓝耳病、猪伪狂犬病等病原等均应为阴性。

（二）试养比例及要求

配怀舍、后备舍、分娩舍、保育舍、育肥舍均投放猪只，投放比例为 10% ～ 20%，尽量每个栏舍均有哨兵猪。

（三）试养猪的选择

使用体重为 20 ～ 30 千克的仔猪，通过一个完整流程的试养，检验整个猪场生物安全系统的运行。

在确认场内 ASFV 彻底清除干净且生物安全没有漏洞的情况下，也可以选择以下几种不同阶段的猪快速通过试养阶段。但是需要注意的是，由于没有通过一个完整流程的运行，不能确定整个生物安全体系是不是还有漏洞，因此相比而言，风险相对较大、成本较高，另外妊娠母猪的运输应激会比较大。

一是使用体重为 20 ～ 30 千克的小种猪试养，如果成功直接配种开始正常生产。

二是直接使用 24 周龄的后备猪试养，如果没有异常情况可以直接开始正常生产。

三是场外有种猪配种后，转入妊娠母猪，直接用妊娠母猪试养，如果没有问题可以直接开始正常生产。

育肥猪场在确认场内 ASFV 彻底清除干净且生物安全没有漏洞的情况下，可以进猪直接开始正常生产。

（四）实验室病原排查

开始试养后，对所有发病猪采样进行 qPCR 检测 ASFV，如果出现 ASFV 阳性，返回第一步。

重复所有工作。如果所有试养的猪直至出栏都没有出现 ASFV 阳性，可以进入正式的复养。

六、正式复养

试养成功后做好引种计划与隔离、检测、运输等工作，准备正式复养。

（一）种源选择与检测

确认引种场没有发生过 ASF，且周围 3 千米范围内无疫情。引种前对选好的后备猪采集口腔液进行 qPCR 检测，确保 ASFV 阴性（必要时可以进行 ASFV 抗体检测，确认抗体阴性），同时猪瘟、高致病性蓝耳病、猪伪狂犬病等病原亦应为阴性。

（二）引种过程中的生物安全控制

在确认运输猪前，车辆需要在洗消中心按照严格的洗消程序进行彻底的清洗、消毒和烘干，洗消合格后对车厢内部和车体多点采样进行 qPCR 检测，检测阴性后方能引种。车辆到达引种场后在场部进行一次严格的洗消，干燥后方可装猪。引种需要有生物安全专员押运，负责全程跟踪和指导。尽量减少运输距离和运输时间，路线设计上要避开疫区或者风险高的区域，运输途中尽量不停车，不进服务区，避开人员密集区、市场等。设计好备用路线、临时停靠点等。

（三）引种后的隔离与检测

引种到场后先对车辆采样进行 ASFV 检测，确认阴性后再带猪消毒并赶入隔离舍（若猪场处于空栏状态，则可以直接进入饲养舍）。在隔离舍饲养 19 天后随机抽血，混样合检 ASFV，确认阴性，继续在隔离舍饲养 45 天后，随机抽血混样合检 ASFV，确认阴性后进行正常生产。隔离舍或者配种舍需要按照严格的生物安全措施封闭管理。

复养后，严格执行生物安全流程，建议进行批次化管理，减少卖猪频率。复养后半年，每月检测 1 次，多点采样（各个功能区、各个猪舍、水沟、路面、漏缝地板背面、办公室、宿舍、厨房等），用 qPCR 检测 ASFV 是否呈阴性，以后可每季度检测 1 次。

第八章

非洲猪瘟监测排查、检测与精准清除技术

监测排查是防控非洲猪瘟等重大动物疫病重要手段，只有通过监测排查，才能找到可能感染的个体，对可能感染的个体通过进一步采样检测，才能确诊是否感染，一旦确认感染，才能采取进一步措施，如精准清除、隔离、消毒、限制流通等控制传染源和切断传播途径，达到有效防控疫情蔓延，最终实现控制和消灭传染病。

一、非洲猪瘟监测排查技术

非洲猪瘟监测排查就是根据非洲猪瘟（ASF）流行病学、临床症状、病理剖检变化关联等特点开展现场排查，找到感染猪，必要时采集疑似感染猪病料进行实验室检测，对检测为 ASF 感染阳性的猪群采取扑杀、消毒和无害化处理等措施，消灭病原，切断传播途径，达到有效防控疫情蔓延，最终消灭 ASF 的目的。农业农村部要求："按照养殖、交易、屠宰环节排查全覆盖，生猪养殖场（户）监测全覆盖的要求，在全国范围内部署开展监测排查"，做到早发现早处置，切断传播链条。

（一）排查前准备

1.人员准备

了解非洲猪瘟基本知识。了解非洲猪瘟感染与传播的高风险因素。了解排查工作中需遵守的生物安全操作要求，避免人为造成的传播。了解非洲猪瘟排查工作的沟通方法。

2.车辆准备

车辆必须彻底清洗消毒。车辆不携带无关物品。在车内、车的后备箱里铺塑料布防止污染。

3.物品准备

包括防护服、口罩、手套、护目镜、器械箱、消毒液等进场所需材料，和记号笔、剪刀、采血管、冻存盒、注射器、酒精灯等采样所需材料。

（二）进出养殖场要求

1.到达养殖场

车辆停在养殖场外。在养殖场清洁区，穿戴个人防护设备。进入养殖场生产区前，清空衣服口袋，按照养殖场进场程序进入生产区域。电子设备应放置在密封的塑料袋中，以便随后进行清洁和消毒。消毒工作要在清洁干燥的地面进行。

2.进出养殖场

（1）抵达养殖场。车辆停在养殖场外。进入养殖场生产区前，清空衣服口袋，按照养殖场进场程序进入生产区域。电子设备应放置在密封的塑料袋中，以便随后进行清洁和消毒。消毒工作要在清洁干燥的地面进行。

（2）穿戴个人防护设备。脱下鞋子，并放在塑料布上。需要脱去全部个人衣服，洗澡后穿戴养殖场内部衣服方可进场。

首先穿戴一次性防护服，穿上靴子，戴手套，手套要用胶带封上。靴套至少覆盖胶鞋底部和下部。

（3）离场前准备。对接触过养殖场的所有物品进行清洗和消毒处理。脱下鞋套放入非清洁区的垃圾袋中，然后彻底擦洗靴子。脱下手套、一次性防护服并放入非清洁区的垃圾袋中。脱下靴子，对靴子进行消毒后放入清洁的袋子里。手和眼镜也必须进行消毒，并用消毒湿巾清洁脸部。在离开可能受到污染的区域之前，清洁和消毒汽车的轮胎和表面。处理车内所有垃圾并清理所有污垢。用浸有消毒剂的布擦拭方向盘、变速杆、踏板、手闸等。

（4）离场后。如家中没有饲养生猪，可以回家淋浴并彻底清洗头发。将当天所穿衣服浸泡在消毒剂中 30 分钟；如果家中饲养生猪，应在其他地方进行清洗。如果进入了疑似感染场，确诊前不应前往任何饲养生猪的场所。如果确认该场感染了非洲猪瘟，三天内不应前往任何有猪的场所。再次对汽车内部和外部进行消毒。清除汽车上的所有塑料布，并妥善处理。

（三）现场排查

监测排查人员在排查时负责收集有关场所和动物的相关信息，至少包含以下信息：场所地址及地理信息；疑似染疫动物种类和数量、存栏量、发病和死亡情况；临床症状和病理变化的简要描述；发病猪同群情况；猪场布局及周边环境是否饲喂泔水；免疫情况；近一个月调入和调出情况等。

1. 流行病学排查

传染源：感染非洲猪瘟病毒的家猪、野猪（包括病猪、康复猪和隐性感染猪）和钝缘软蜱等为主要传染源。

传播途径：主要通过接触非洲猪瘟病毒感染猪或非洲猪瘟病毒污染物（餐厨废弃物、饲料、饮水、圈舍、垫草、衣物、用具、车辆等）传播，消化道和呼吸道是最主要的感染途径；也可经钝缘软蜱等媒介昆虫叮咬传播。

易感动物：家猪和野猪。其它哺乳动物包括人类均不感染非洲猪瘟病毒。不同品种、日龄和性别的猪均对非洲猪瘟病毒易感。

2. 临床症状排查

发病猪只体温 41 ～ 42℃，皮肤黄染或发绀，呼吸困难，不愿运动。个别猪排血便，部分猪站立不稳，出现倒地抽搐、四肢呈划水状等神经症状。

主要临床症状：无症状突然死亡；发病率、病死率高；高热，体温升高 40.5 ～ 42℃；耳、四肢、腹背部皮肤有出血点、发绀；呕吐，腹泻或便秘，粪便带血；虚弱、步态僵直，不愿站立等；偶见眼、鼻有黏液脓性分泌物。

其他临床症状：精神沉郁、食欲下降；呼吸困难，湿咳；关节疼痛、肿胀；妊娠母猪流产、死胎、弱仔。

3. 病理剖检排查

病死猪脾脏肿大，大小约为正常脾脏的 4 ～ 5 倍，呈紫褐色；肺部支气管有大量淡黄色渗出液；腹腔大量积液呈血红色；肾脏肿大，肾乳头肿大，见淡黄色胶冻样渗出；肠系膜淋巴结 / 下颌淋巴结肿胀、出血；腹股沟淋巴结肿大、出血，呈紫褐色；淋巴结切面潮红，指压时有血液渗出；胃肠粘膜出血；心脏的心耳处有大量出血，心内膜见紫褐色出血斑；十二指肠、回肠、直肠出血，肠内容物呈焦油色。

4. 发现疑似病例处置

发现疑似病例，应立即按照《非洲猪瘟疫情应急实施方案（2020年第二版）》要求上报疫情。对发生可疑和疑似疫情的相关场点实施严格的隔离、监视，并对该场点及有流行病学关联的养殖场（户）进行采样检测。禁止易感动物及其产品、饲料及垫料、废弃物、运载工具、有关设施设备等移动，并对其内外环境进行严格消毒。必要时可采取封锁、扑杀等措施。

（四）样品的采集

1. 采样物品

采样液（磷酸盐缓冲液保护液（含30%甘油和10%双抗））、75%酒精、灭菌拭子、含EDTA无菌采血管、采血针、采样管、剪刀、记号笔、采样单、签字笔、一次性封口袋、冰袋、采样箱。

2. 猪粪（环境）拭子

（1）猪粪拭子。采样管加入采样液（磷酸盐缓冲液保护液（含30%甘油和10%双抗））。用灭菌拭子采集像黄豆一样大小的粪便，放入采样管中。编号，冷冻保存。

（2）环境拭子。采样管加入采样液（磷酸盐缓冲液保护液（含30%甘油和10%双抗））。用灭菌拭子充分浸润采样液，在管壁上反复挤压几下，弃去多余的液体。在不同环境部位擦拭，每个部位擦拭至少5次。将拭子头浸入采样液中，把拭子头部与管壁接触几下，使样品尽量多的保存在采样液中。编号，冷冻保存。

3. 眼鼻拭子、肛拭子

采样管加入采样液（磷酸盐缓冲液保护液（含30%甘油

和 10% 双抗))。用灭菌拭子蘸取眼结膜、鼻腔内的分泌物后立即浸入保存液（磷酸盐缓冲液保护液（含 30% 甘油和 10% 双抗)) 中。另取一个拭子插入动物肛门中，采取直肠粘液或粪便浸入保存液中。平行采集猪的眼鼻拭子、肛拭子放入 1 个采样管中，编号，冷冻保存。

4. 组织样品

（1）耳尖组织。采集 2 平方厘米病猪耳尖组织，放入采样管中。编号，冷冻保存。

（2）脾脏、淋巴结。在病变和健康组织交接处三个部位采集 5g 组织，放入采样管中。编号，冷冻保存。

5. 全血

用含有 EDTA 的无菌采血管采集 5mL 全血，足量采集后轻柔上下颠倒几次后，加冰袋或 4℃保存。

6. 猪产品

采集 5g 猪产品，放入采样管中。编号，冷冻保存。

（五）实验室检测

最常用的是实时荧光定量 PCR 方法，检测组织悬液（脾、淋巴结、肾、扁桃体、肝、肺、腐败组织、骨髓）、抗凝血、血液等样本中的病毒核酸。中国动物疫病预防控制中心发布的《非洲猪瘟实验室检测操作程序》中的检测流程如下：

1. qPCR 试剂配制【试剂配制区】

取出试剂盒，从中取出实验所需试剂，融化混匀并瞬时离心以去除管壁附着的液体；按需吸取各组份试剂，配成 qPCR 反应液，在各 PCR 管中分别加入 qPCR 反应液 18uL，转移至样品提取区。注意：务必设置反应阳性对照和反应阴性对照。

2. 样品处理【样品处理区】

全血样品：采用自然析出或离心方式获得血清，将血清移至新的样品管密封好后标记编号。

抗凝血样品：取抗凝血样品 1mL 至新的样品管中，密封后标记编号。

拭子样品：取上清液 1mL 至新的样品管中，密封后标记编号。

组织样品或猪产品：用灭菌的 $1 \times PBS$（0.01M，pH7.2）中制备 10% 组织匀浆液；以 1 050 g（或 2 000 转 / 分）离心 10 分钟；将上清液移至新的样品管中，密封后标记编号。

将前述预处理好的样品（血清、抗凝血、组织）放入 60℃水浴中灭活 30 分钟，期间每隔 5 分钟颠倒混匀样品一次。

3. 核酸提取【核酸提取区】

灭活好的样品用核酸提取工作站提取病毒 DNA。注意：务必设置提取阳性和提取阴性对照。

4. 体系配制【样品处理区】

在分装好 qPCR 反应液的 PCR 管中加入提取的病毒 DNA 2uL，混匀，瞬时离心，转移至扩增分析区。

5. 扩增检测【扩增分析区】

将各 PCR 管放置在仪器样品槽相应位置，并记录放置顺序，设置反应程序，扩增结束后根据说明书判读条件，分析结果，得出结论。

二、非洲猪瘟精准清除技术

依据农业农村部《非洲猪瘟疫情应急实施方案（2020 年

第二版）》有关"在疫情防控检查、监测排查、流行病学调查和企业自检等活动中，检出非洲猪瘟核酸阳性，但样品来源地存栏生猪无疑似临床症状或无存栏生猪的，为监测阳性。"的规定，猪场在早期监测排查与自检活动中，对监测阳性个体或群体，采取定点精准清除技术，迅速清除感染源。

（一）清除感染源

1.整栏清除

在非洲猪瘟传入早期，保育、育肥群体异常猪数量较少，聚集在同一栏内，可实施整栏清除。

2.整栋清除

阳性病例呈多点散发状态，仅局限于一栋猪舍，其他猪舍未检出非瘟感染阳性猪；猪舍之间有可靠的物理隔离屏障；清除过程中，严格限制场内员工串舍行为，人员不可与相邻猪舍接触。

3.单元清除

如果在不同养殖单元检出非瘟核酸阳性，且不同单元有物理隔断或密闭设施相互分隔，猪群之间不会通过饮水或排污设施发生交叉感染，工作人员不交叉，可以实施单元清除。

4.全场清除

如果不同圈舍均有阳性感染或确诊的病猪，呈点状扩散状态，而且是通槽喂水、喂料，即使不同圈舍之间有严格的物理隔离或其他屏障，应实施全场清除。

（二）精准清除的策略

1.无法移动的感染猪

可电击处死后，装入密闭袋，包封后使用过硫酸氢钾复合盐类（威特利剑，1∶200 倍稀释）、或醛类复方消毒剂（戊二醛癸甲溴铵溶液，1∶500 倍稀释）、或醛类消毒剂（威特醛，1∶500 倍稀释）对编织袋进行喷洒，外运过程中经过廊道必须铺设彩条布、地毯防止扩大污染面，实施无害化处理。

2. 可以正常移动的感染猪

体重过大的感染猪，驱赶至无害化处理点再用电击处死，在赶猪通道的地面要铺上塑料或彩条布；对体重较小的感染猪，可直接在猪舍内电击处死后，装入密闭袋中运到无害化处理点；对淘汰猪移动过程中所经过的路面用 2% 的氢氧化钠进行彻底消毒；为减少交叉感染，原则上，在扑杀清除猪的工作中，不使用不同圈舍的工作人员，可使用后勤或办公人员；扑杀和无害化处理结束后，参与扑杀行动的人员需进行洗澡，隔离 7 天，衣服和胶靴必须浸泡、消毒及烘干后方可继续使用。

（三）精准清除后的消毒措施

1. 地面消毒

使用 2% 的氢氧化钠对空舍地面、栏位等进行泼洒，每天 3 次。后期可用火焰喷射器处理，确定火焰消毒时间，保证火焰消毒效果。廊道内转猪彩条布及地毯使用 2% 的氢氧化钠喷洒，将彩条布向内卷防止污染。使用运感染猪专用车辆将彩条布地毯运至指定地点焚烧，灰烬用生石灰全覆盖。

2. 用具消毒

最好使用一次性防护服，处置后进行焚烧。个人衣物使用过硫酸氢钾复合盐类（威特利剑，1∶200 倍稀释）、或醛类复方消毒剂（戊二醛癸甲溴铵溶液，1∶500 倍稀释）、或醛类消毒剂（20% 浓戊二醛溶液（如威特醛），1∶500 倍稀释）浸泡消毒，各种工具用水枪冲洗干净。使用过硫酸氢钾复合盐类（威特利剑，1∶200 倍稀释）、或醛类复方消毒剂（戊二醛癸甲溴铵溶液，1∶500 倍稀释）、醛类消毒剂（威特醛，1∶500 倍稀释）浸泡消毒。

（四）精准清除后的监测

猪场清除感染猪后，对全场猪群和环境采样监测，在 21 天内每间隔 7 天，采用全覆盖采样进行荧光定量 PCR 检测，检测均为阴性且猪群无异常，精准清除才算获得成功。